最強にわかる 心の病

ニュートン超図解新書

はじめに

　現代は，ストレスの多い時代です。そのため，うつ病や睡眠障害などの心の病が，社会に広まっているといわれています。日本人の15人に1人が，生涯のうちに1度はうつ病にかかるという報告もあります。

　厚生労働省の2022年の国民生活基礎調査によると，「気分障害」や「不安障害」に値する精神的苦痛を感じている人の割合は，12歳以上で約9％にものぼります。また，日常生活での悩みやストレスがある人の割合は，12歳以上で約48％だといいます。そして2020年以降は，新型コロナウイルスによる社会情勢の変化を受けて，心の病の問題は，より深刻化しつつあります。

本書は，うつ病をはじめとするさまざまな心の病を，ゼロから学べる1冊です。原因や対処法など，"最強に"わかりやすく紹介しています。どうぞご覧ください。

ニュートン超図解新書
最強にわかる
心の病

第1章
日本人の心の状態

1 12歳以上の約9％が，精神的苦痛を感じている… 14

2 12歳以上の約48％が，悩みやストレスをかかえる… 17

3 気分障害や神経症性障害の患者がふえている… 20

4 精神科医が，地域の診療所でみてくれる… 23

コラム リモートワークと心の問題… 26

4コマ 遅咲きの精神科医… 28

4コマ 近代精神医学の父… 29

第2章
心の病は，こんなにある

うつ病

1 診断の基準は,「気分の落ちこみ, 興味や喜びの喪失が2週間以上」… 32

2 無理のない運動で, うつ病を予防しよう… 36

3 治療に有効なのは, 考え方のくせを変えること… 40

4 脳に磁気刺激をあたえる方法も, 治療に有効… 44

5 うつ病の人の感情に共感し, はげまそう… 47

コラム コロナうつ … 50

コラム 博士！教えて!! 新型うつって何？… 52

双極性障害

6 気分の落ちこみと高ぶりが, くりかえされる… 54

不安障害・強迫性障害

7 不安で不安で, 汗が出たり息が苦しくなったりする… 58

8 不安にかられて,
    不合理な行動をくりかえしてしまう… 61

9 不安なものに, 少しずつ慣れていこう… 64

――― 心的外傷後ストレス障害(PTSD) ―――

10 心の深い傷が原因で,
    意欲の低下や発作がおきる… 68

コラム 博士!教えて!! クラスがえが苦手… 72

――― 統合失調症 ―――

11 幻覚があらわれたり, 妄想を信じたりする… 74

12 統合失調症の治療には,
    薬の使用が欠かせない… 77

――― パーソナリティ障害 ―――

13 ものの見方やとらえ方に, かたよりがある… 80

14 カウンセリングで,
    悪い信念の影響を弱めよう… 84

コラム ゴッホも心の病だった… 88

――― アルコール依存 ―――

15 飲酒をおさえられず,
    飲まないと手足がふるえる… 90

===== 薬物依存 =====

16 薬物をやめられず，やめると気持ち悪くなる… 94

===== 行為依存・関係依存 =====

17 特定の行為や人間関係に依存して，やめられない… 97

コラム 博士！教えて!! ゲームはしちゃダメなの？… 100

===== 睡眠障害 =====

18 なかなか眠れなかったり，夜中に目が覚めたりする… 102

===== ひきこもり・非行・摂食障害 =====

19 ひきこもりや非行は，中高生によくみられる… 106

===== 認知症 =====

20 忘れたことを忘れてしまい，気づくことができない… 109

21 健康的な生活を心がけても，予防できるとは限らない… 112

===== 多重人格 =====

22 1人の中に，複数の人格が存在するようにふるまう… 116

コラム 博士！教えて!!
ジキルとハイドって何？… 120

発達障害

23 発達障害は，その人の生まれつきの特性… 122

24 周囲の気づかいで，生きづらさがやわらぐ… 126

自閉スペクトラム症（ASD）

25 対人関係が苦手で，何かに強くこだわる… 129

コラム 映画『レインマン』… 132

注意欠如多動性障害（ADHD）

26 忘れっぽかったり，落ち着きがなかったりする… 134

学習障害（LD）

27 読み書きや算数などを学習することが
むずかしい… 137

性同一性障害

28 体の性と，自分が認識している
性がことなる… 140

秩序破壊的・衝動制御・素行症群

29 感情や行動をコントロールできず，犯罪も… 143

パラフィリア障害群

30 性的な行動や性の対象に，異常がみられる… 146

4コマ クレペリンの生涯… 150

4コマ 精神の病気を分類した… 151

第3章
心の病の，代表的な治療方法

来談者中心療法，精神分析法

1 カウンセリングで，患者の無意識の記憶を引きだす… 154

行動療法

2 患者が正しい行動を学習することをめざす… 157

認知行動療法

3 患者の認識に注目して，認識のゆがみを修正する… 160

4 患者の思考と事実を比較して，考え方のくせを変える… 163

生活技能訓練法（SST）

5 社会生活で必用な，対人関係の技能を身につけよう… 166

マインドフルネス

6 自分の感情や思考を，あるがままに受けとめよう… 169

コラム 日本の精神科医，森田正馬… 172

グループ療法

7 集団の力によって，患者の人格や行動を改善する… 174

芸術療法

8 音楽や絵画などで，心身の回復をめざす… 177

薬物療法

9 体内のしくみに，分子レベルではたらく… 180

4コマ 世界初の抗精神病薬… 184

4コマ 画期的な薬が登場するまで… 185

コラム 心の病かなと思ったら… 186

さくいん… 192

【本書の主な登場人物】

フィリップ・ピネル
（1745～1826）
フランスの医学者，精神科医。精神疾患の患者に人道的な治療を行ったことから，「近代精神医学の父」とよばれている。

中学生

くま

第1章

日本人の心の状態

現代はストレスの多い時代であり，うつ病や睡眠障害などの「心の病気」が社会に広まっているといわれています。第1章では，現代の日本人の心の状態をみていきましょう。

1 12歳以上の約9％が，精神的苦痛を感じている

日本人の心の状態をあらわしたグラフ

右のグラフは，日本人の心の状態を，性別，年齢層別にあらわしたものです。調査対象者に六つの質問をして，それぞれの質問に対する回答を，五つの選択肢の中から選んでもらいました。

六つの質問に対する回答の点数を，合計した

質問は，「神経過敏に感じましたか」「絶望的だと感じましたか」「そわそわ，落ち着かなく感じましたか」「気分が沈みこんで，何がおきても気が晴れないように感じましたか」「何をするのも骨折りだと感じましたか」「自分は価値のない人

第1章 日本人の心の状態

1 日本人の心の状態

日本人の心の状態をあらわしたグラフです。調査は，入院している人を除く，12歳以上の人を対象にして行われました。気分障害や不安障害に値する精神的苦痛を感じている人（12歳以上で10点以上の人）の割合は，9.2％でした。

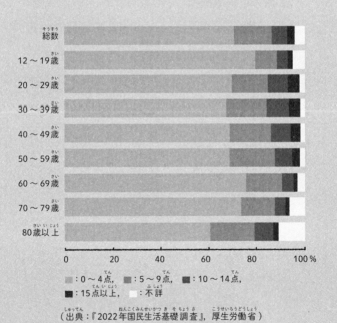

（出典：『2022年国民生活基礎調査』，厚生労働省）

間だと感じましたか」の六つです。一方,回答の選択肢は,「まったくない(0点)」「少しだけ(1点)」「ときどき(2点)」「たいてい(3点)」「いつも(4点)」の五つです。そして,六つの質問に対する回答の点数を,合計しました。

結果は,12歳以上で10点以上の人の割合が,9.2％でした。これらの人は,気分障害や不安障害に値する,精神的苦痛を感じている人です。

「六つの質問」は,アメリカで開発されたK6という尺度によるものなんだ。これは,うつ病・不安障害などの精神疾患をスクリーニングすることを目的として開発されたもので,心理的ストレスを含む何らかの精神的な問題の程度をあらわす指標として,広く利用されているぞ。

第1章　日本人の心の状態

2 12歳以上の約48％が，悩みやストレスをかかえる

精神疾患は，「ない」と答えた人から出やすい

　19ページのグラフは，日常生活での悩みやストレスがある人の割合を，性別，年齢別にあらわしたものです。

　12歳以上の男女全体では，悩みやストレスが「ある」と答えた人の割合が47.9％，「ない」と答えた人の割合が50.6％，「不詳」が1.6％でした。意外に感じられるかもしれませんが，精神科医によると，うつ病などの精神疾患にかかる人は，「ない」と答えた人にひそんでいるといいます。

17

30代〜50代は,
悩みやストレスがある人が多い

　男女でくらべてみると,どの年齢層でも,女性の方が男性よりも,悩みやストレスがあると答えた人の割合が大きいという結果でした。

一方,年齢層別にみてみると,男女ともに30代〜50代で,悩みやストレスがあると答えた人の割合が大きくなっています。女性は,20代〜50代のいずれの活動年齢期でも,半数以上に悩みやストレスがあります。

悩みやストレスの原因は総数でみると,1位は「自分の仕事」,2位は「収入・家計・借金等」,3位は「自分の病気や介護」となっているクマ。

第1章 日本人の心の状態

2 悩みやストレスがある人

悩みやストレスがある人の割合をあらわしたグラフです。調査は，入院している人を除く，12歳以上の人を対象にして行われました。悩みやストレスがある人は，12歳以上で47.9％でした。

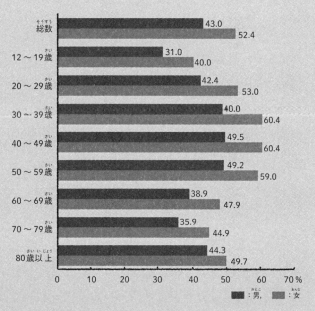

(出典：『2019年国民生活基礎調査』，厚生労働省)

3 気分障害や神経症性障害の患者がふえている

ストレスが原因の精神疾患が増加

日本では，精神疾患は五大疾病の一つに数えられており，患者数も増加傾向にあります。右ページのグラフは，日本の精神疾患の患者数を，2005年から2020年まであらわしたものです。病気の内訳をみると，気分障害や神経症性障害といった病気がふえているようです。これらは，ストレスが原因で発症する精神疾患です。また，高齢化社会の進行にともない，アルツハイマー病による認知症がふえています。一方，脳梗塞などが原因でおきる血管性の認知症は，生活習慣の改善が推進されているためか，ふえていないようです。

第1章 日本人の心の状態

3 精神疾患の患者数

精神疾患の患者数をあらわしたグラフです。全体の患者数は，増加する傾向にあり，2020年には600万人をこえました。

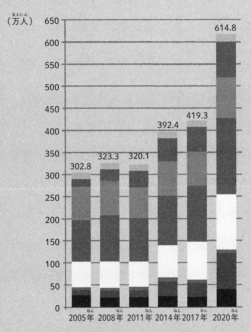

(万人)

- 2005年: 302.8
- 2008年: 323.3
- 2011年: 320.1
- 2014年: 392.4
- 2017年: 419.3
- 2020年: 614.8

■：認知症（血管性など）
■：認知症（アルツハイマー病）
■：統合失調症，統合失調症型障害，妄想性障害
■：気分障害，感情障害（躁うつ病を含む）
□：神経症性障害，ストレス関連障害，身体表現性障害
■：精神作用物質使用による精神および行動の障害
■：その他の精神および行動の障害
■：てんかん

（出典：『患者調査』，厚生労働省）

21

発達障害と診断を受ける人がふえた

グラフでは,「その他の精神および行動の障害」の項目もふえています。この項目に含まれ,患者数をふやしている主な疾患は,発達障害です。発達障害の認知度が社会に広まったため,発達障害と診断を受ける人がふえました。一方で,統合失調症やてんかんといった遺伝の要素が大きな精神疾患の患者数は,あまり変化していません。

2020年に患者数が急激にふえているのは,新型コロナウイルスの流行が影響していると考えられているそうよ。

第1章　日本人の心の状態

4　精神科医が，地域の診療所でみてくれる

昔は，都心部からはなれた場所に入院させた

　患者を取り巻く治療環境は，最近の医療体制の変化によって，大きく変わりました。

　昔は，都心部からはなれた限られた場所に精神科病院をつくり，患者はそこに入院させるという方針が積極的にとられていました。しかし，患者の病気をなおして社会復帰させるという長期的な目標を考えたときに，患者を隔離しておくことはよい方向にはたらきません。

23

患者が通院しやすい環境が，できてきている

日本では2004年に，患者が地元で暮らし，総合病院や精神科診療所（クリニック）で通院治療を受けながら病気をなおしていけるように，対策がとられました。具体的には，医師が診療所などを開業しやすくなるよう，診療報酬が改定されました。これにより，精神科病院がなかった都心部および患者の地元にも精神科診療所ができ，患者が通院しやすい環境ができてきています。

こうした流れの中で，とくに気分障害や神経症性障害などの入院患者数の割合は，通院患者数の割合よりも，ずっと少なくなりました。

注：精神科診療所（クリニック）とは，入院用のベッドをもたない医療機関です。一部の精神科診療所は，19床以下のベッドをそなえています。精神科病院とは，20床以上のベッドをそなえており，入院できる医療機関です。

第1章 日本人の心の状態

4 精神科医の所在

精神科医の所在をあらわしたグラフです。精神診療所にいる精神科医の数は，精神科病院にいる精神科医の数にくらべて，より増加する傾向にあります。

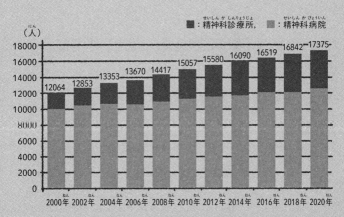

注：2006年まで…主な診療科が精神科，神経科の医師が対象。
2008年以降…主な診療科が精神科，心療内科の医師が対象。
（出典：『医師・歯科医師・薬剤師調査』，厚生労働省）

病院に入院する治療から，診療所に通院する治療に変わってきているようだな。

リモートワークと
心の問題

2019年の末ごろに中国で発見された新型コロナウイルス感染症は，2020年に世界的な大流行となりました。感染の拡大を防ぐため，インターネットを使って，仕事を自宅などで行う人がふえました。いわゆる「リモートワーク」です。

リモートワークには，通勤の時間がなくなるとか，満員電車に乗らずにすむといった，心の健康にいい影響をおよぼしそうな点もあります。しかし，他人とコミュニケーションがとりにくいとか，勤務中とプライベートの気持ちの切りかえがうまくできないといった，心の健康に悪影響をおよぼしそうな問題もあります。このため，うつ病や睡眠障害などを発症する人が，ふえているといいます。

勤務中とプライベートの気持ちの切りかえをうまく行うためには,勤務する時間や場所を決めて,プライベートときっちり分けることが重要なようです。心の状態に不安を感じたら,各都道府県に設置されている精神保健福祉センターなどの,専門家に相談してみましょう。

最強にわかる 心の病

遅咲きの精神科医

フランスの医学者で精神科医のフィリップ・ピネル（1745～1826）

フランス南部で医師の長男として誕生

トゥールーズ大学で神学の学位を取得

その後、同大学に再入学して医学の学位も取得

骨や関節の研究のかたわら

さまざまな分野で活動した

友人が精神疾患になったことをきっかけに精神医学に転向

このとき、およそ40歳。精神科医としてのスタートは早くはなかった

近代精神医学の父

18世紀ごろのフランスでは

精神疾患の患者は鎖につながれるなど罪人同様のあつかいを受けていた

ピネルは精神科病院に就職すると

病棟の管理者の影響を強く受けた

病棟の管理者と協力して精神疾患の患者を鎖から解放

「精神疾患の患者は罪人ではない。治療の必要な病人だ。」

ピネルは患者の人権を重視した人道的な治療を行った

こうしたことから「近代精神医学の父」とよばれている

第2章

心の病は，
こんなにある

心の病には，さまざまなものがあります。第2章では，うつ病や統合失調症，各種の依存症や発達障害などについて，その症状や原因，治療法などを紹介します。

— うつ病 —

1 診断の基準は,「気分の落ちこみ, 興味や喜びの喪失が2週間以上」

憂うつな気分や意欲の低下が長くつづく

「なんだか憂うつで, やる気が出ない」という日を, だれしも経験したことがあるでしょう。そんな憂うつな気分や意欲の低下が長くつづいているとき, あなたは「うつ病」かもしれません。不眠や食欲不振といった身体症状がみられる場合も, うつ病の疑いがあります。

九つの質問から, うつ病の症状レベルを評価

うつ病の診断補助ツールは, いくつか存在します。中でも,「PHQ-9」とよばれる診断補助ツールは, 信頼性が高く評価されており, 医療

第2章 心の病は,こんなにある

現場でも広く使われています。

　PHQ-9は,九つの質問からなります。それぞれの質問に対して,この2週間でどの程度当てはまっているかを答えてもらい,その合計点からうつ病の症状レベルを評価します。うつ病かもしれないと思う人は,一度自分でチェックしてみるのもよいでしょう。ただPHQ-9は,うつ病かどうかを確実に診断できるものではありません。実際の診断には,医師の総合的な判断が必須です。もし不安を抱えている場合には,必ず医師の診断を受けましょう。

　PHQ-9は,アメリカ精神医学会が2013年に発表した精神疾患全般の診断基準「DSM-5」をもとに作成されたんだ。DSM-5によると,うつ病の診断基準は,「抑うつ状態や興味の喪失が2週間以上つづいていること」だとされているぞ。「抑うつ状態」とは,気分の落ちこみなどの症状がとても強い状態のことだ。

33

1 うつ病をチェックする質問

PHQ-9の九つの質問（A〜I）を示しました。それぞれの質問に対して，ここ2週間で，まったくない場合は0点，数日の場合は1点，半分以上の場合は2点，ほとんどの場合は3点とします。そして九つの回答の合計点から，うつ病の症状レベルを評価します。

(A) 物事に対してほとんど興味がない，または楽しめない

(B) 気分が落ち込む，憂うつになる，または絶望的な気分になる

(C) 寝付きが悪い，途中で目がさめる，または逆に眠りすぎる

(D) 疲れた感じがする，または気力がない

(E) あまり食欲がない，または食べ過ぎる

(F) 自分はダメな人間だ，人生の敗北者だと気に病む，または自分自身あるいは家族に申し訳がないと感じる

第2章 心の病は，こんなにある

(G)新聞を読む，またはテレビを見ることなどに集中することが難しい

(H)他人が気づくぐらいに動きや話し方が遅くなる，あるいは反対に，そわそわしたり，落ちつかず，ふだんよりも動き回ることがある

(I)死んだ方がましだ，あるいは自分を何らかの方法で傷つけようと思ったことがある

うつ病の症状レベルの評価

合計点	症状レベル
0〜4点	なし
5〜9点	軽度
10〜14点	中軽度
15〜19点	中軽度〜重度
20〜27点	重度

©kumiko.muramatsu「PHQ-9日本語版 2018版」
(出典：Muramatsu K, et al. General Hospital Psychiatry. 52：64-69, 2018)

— うつ病 —

2 無理のない運動で，うつ病を予防しよう

気分や感情に関係する神経伝達物質が，不足する

うつ病は，日本人の15人に1人が生涯のうちに1度はかかると報告されている，身近な病気です。うつ病のきっかけとしてまず第一にあげられるのは，過度なストレスです。

うつ病は，脳の病気です。最も有力とされる仮説によると，うつ病の原因は，脳内で気分や感情に関係する「セロトニン」や「ノルアドレナリン」といった神経伝達物質が不足してしまうことだとされています。

第2章 心の病は、こんなにある

2 うつ病の人のシナプス

脳の神経細胞どうしの接合部を、「シナプス」といいます。うつ病の人のシナプスでは、セロトニンの量が少なくなっています。セロトニンは、神経細胞の末端から放出されて、別の神経細胞の受容体にくっつきます。放出されたセロトニンの一部は、セロトニントランスポーターを通って、回収されます。

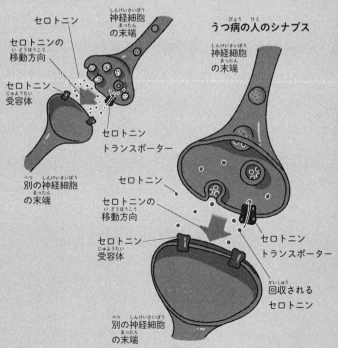

正常なシナプス
セロトニン
神経細胞の末端
セロトニンの移動方向
セロトニン受容体
セロトニントランスポーター
別の神経細胞の末端

うつ病の人のシナプス
神経細胞の末端
セロトニン
セロトニンの移動方向
セロトニン受容体
セロトニントランスポーター
回収されるセロトニン
別の神経細胞の末端

運動量の少ない人は、うつ病になるリスクが高い

セロトニンは、日光を浴びたり運動したりすると、分泌量がふえることが知られています。一方、運動量の少ない人は、うつ病になるリスクが高いという報告も多くあります。このため、無理のない運動は、うつ病の予防としてある程度の効果があるとされています。

また、健康な生活の3本柱である、「適度な運動」「バランスのよい食事」「よりよい睡眠」は、うつ病に限らず、さまざまな精神疾患の予防に効果的だと考えられています。

運動は、うつ病の治療にも効果的だという報告もされているクマ。とくに海外では、1週間に3回程度、1日30分〜1時間、ウォーキングやジョギング、エアロビクスなどの運動が、治療の補助として行われている場合もあるクマ。

第2章　心の病は，こんなにある

memo

— うつ病 —

3 治療に有効なのは，考え方のくせを変えること

考え方によって，ことなる感情が生みだされる

うつ病の治療は，「抗うつ薬」などを使った薬物療法が，第一の選択肢となります。ただし近年では，医師やカウンセラーと共に，「認知行動療法」が行われるケースもふえています。認知行動療法とは，考え方（認知のしかた）によってことなる感情が生みだされると考え，それらを見直すことで感情を制御する方法です。

より柔軟な考え方ができるように，トレーニングする

うつ病の認知行動療法では，自分の考え方の悪いくせを理解することからはじめます。

第2章 心の病は，こんなにある

　うつ病になりやすい人の思考法の一つに，物事を極端に考えてしまう「全か無か思考（白黒思考）」があります。全か無か思考をしがちな人は，小さなミスでも深刻にとらえ，すべてが台なしになってしまったなどと考えてしまいます。すると，はげしく気分が落ちこみ，うつ病の症状があらわれてしまうことがあります。

　全か無か思考をしやすい人は，60％は失敗だったけれど40％は成功だったなどと，より柔軟な考え方ができるように，認知行動療法を使ってトレーニングを行います。

うつ病の治療に認知行動療法を単体で用いることは，薬物療法単体での治療にくらべて，同等以上の効果があることが研究によってわかっているそうよ。薬物療法は半年以上つづけるのが一般的だけど，認知行動療法は3〜4か月で主なプログラムが終了するんだって。

3 認知行動療法の効果

うつ病の患者に認知行動療法を行った場合と，行わなかった場合のイメージをえがきました。認知行動療法は，考え方（認知のしかた）を見直すことで感情を制御する方法です。認知行動療法によって根本的な考え方を変えることで，治療後に同様の状況におちいったときでも対処が可能であり，再発の可能性は低くなると考えられています。

きっかけとなるできごと

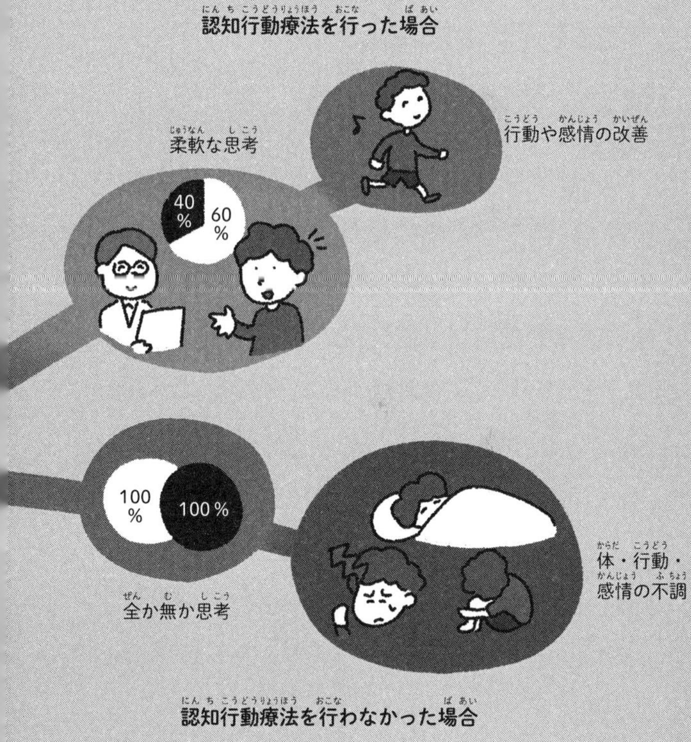

第2章　心の病は，こんなにある

認知行動療法を行った場合

柔軟な思考

40％　60％

行動や感情の改善

100％　100％

全か無か思考

体・行動・感情の不調

認知行動療法を行わなかった場合

— うつ病 —

4 脳に磁気刺激をあたえる方法も，治療に有効

うつ病患者の頭部に，強力な電磁石を当てる

　近年，うつ病の新しい治療法が注目を集めています。うつ病患者の頭部に強力な電磁石を当てて，外部から脳に磁気刺激をあたえることで，脳の活動を回復させる治療法です。この治療法は，「ｒTMS（反復経頭蓋磁気刺激療法）」とよばれています。

　ｒTMSの磁気刺激によって脳の活動が回復するしくみは，正確に明らかになっているわけではありません。しかし多数の研究によって，ｒTMSは，うつ病の改善に確かな効果があることが示されています。

第2章 心の病は，こんなにある

4 rTMSのしくみ

イラストは，rTMSで，脳に磁気刺激をあたえるようすです。磁気刺激装置は，頭部の左側やや前方に当てられます。

刺激された
背外側前頭前野

磁器刺激装置

活動が抑制
された扁桃体

45

脳の活動の不均衡が正常化され, うつ症状が改善

　うつ病患者の脳では, 判断力や意欲などに関係する「背外側前頭前野」の活動が低下しています。一方, 不安や恐怖などの感情を司る「扁桃体」の活動は, 過剰になっています。

　rTMSでは, 頭部の左前方に磁気刺激装置を当てて, 背外側前頭前野を活性化させます。すると, その影響で扁桃体の活動が抑制されます。こうして, 両者の活動の不均衡が正常化されることで, うつ症状が改善すると考えられています。

rTMSは, 副作用もほとんどないといわれているぞ。

第2章 心の病は，こんなにある

— うつ病 —

5 うつ病の人の感情に共感し，はげまそう

話をよく聞き，受診をやさしくすすめる

うつ病は早期発見・早期治療が重要であり，治療が遅れるほど症状が長引くことが知られています。しかし，不眠や倦怠感といった身体症状の原因が，うつ病にあると気づかない場合も多くあります。

周囲の人も，最近しばらく元気がないなと思うような人がいる場合には，その人の話をよく聞き，受診をやさしくすすめましょう。

「いっしょにがんばっていこう」は，適切な接し方

　うつ病の人に，「がんばれ」といってはいけないという風潮が，一般に広まっています。しかし，「いっしょにがんばっていこう」という意味でのがんばれは，適切な接し方です。禁句なのは，無責任ながんばれです。

　患者は，ただ漠然とがんばれといわれただけでは，どうがんばればよいかがわからず，困惑し，不満がたまります。まず，「悲しいんだね」などとうつ病の人の感情に共感し，その後，問題を解決するにはどうすればよいのかを話し合います。このときにかけるがんばれは，適切なはげましであり，本人は回復へと進みはじめることができるといいます。

第2章 心の病は、こんなにある

5 自殺を防ぐための「TALK」

うつ病やほかの精神疾患にかかっているとき、自殺のリスクは高まってしまいます。自殺予防の四つの原則の頭文字をとった「TALK」を、下に示しました。あなたのたいせつな人を失わないために、覚えておきましょう。

Tell（伝える）
あなたのことをとても心配していて、自殺しないでほしいと思っていることを、はっきりと伝えること。

Ask（たずねる）
自殺したいという気持ちがあるか、直接たずねること。

Listen（聞く）
死にたい気持ちや絶望的な気持ちに、耳を傾けること。

Keep safe（安全確保）
危ないと感じたら、1人にしないこと。
また、場合によっては入院などの措置をとること。

家族や友達が悩んでいたら、私も力になりたいな。

コロナうつ

新型コロナウイルスの感染拡大は，精神の健康にも影響をおよぼしていると指摘されています。2020年以降，感染拡大に対するおそれや自粛生活への疲れなどが，気分の落ちこみや不安など，うつ病のような症状をひきおこしているのです。この現象は，「コロナうつ」ともよばれています。

感染拡大と，精神の健康との関係についての報告は，世界中でなされています。国連によると，エチオピア北部の地域で2020年4月にうつ症状を示した人の数は，感染拡大以前の約3倍にのぼったといいます。一方，中国の医療従事者1257人に対して行われた調査では，50.4％がうつ症状を，44.6％が不安を，34.0％が不眠を訴えたとのことです。

日本では，2020年4月7日に1回目の緊急事態宣言が出されました。厚生労働省によると，2020年4月の1か月間に全国の精神保健福祉センターに寄せられた新型コロナウイルスに関わる心の相談は，4946件にのぼりました。

新型うつって何?

博士,「新型うつ」って何ですか?

ふむ。若い人を中心に広がっているとされるうつ病じゃの。「現代型うつ病」ともいわれておる。

うつ病とはちがうんですか?

従来のうつ病は,それまで自分が好きだったことも含めて,すべてのことに対して気力がなくなってしまうものじゃ。ところが新型うつは,好きなことや興味のあることをしている間は元気なのじゃ。そのせいで,なまけ者と思われてしまうこともある。

それなら,僕もそうですよ。

いや，自分の好きなこと以外では，日常生活に支障をきたすくらいの苦しさやつらさがあるようじゃぞ。新型うつは，医学的に明確な定義や判断基準がない状態じゃ。専門家の間でも，意見が割れておるようじゃの。

― 双極性障害 ―

6 気分の落ちこみと高ぶりが，くりかえされる

症状が落ち着いている期間が，短くなっていく

「双極性障害」とは，万能感に満たされて活動が活発になる「躁状態」と，気分が落ちこみ活動が抑制される「うつ状態」が，一般に数年の間隔をおいてくりかえされる病気です。

双極性障害のうち，「I型」とよばれるタイプでは，躁状態は1週間以上，うつ状態は2週間以上つづくとされています。一般的には，最初の躁やうつの症状がおさまってから5年程度，症状が落ち着いている「寛解期」があり，その後，症状があらわれることがあります。何度も再発をくりかえすうちに，寛解期は短くなっていき，最終的に，1年間に4回以上も躁状態とうつ状態をくりかえす「急速交代型（ラピッドサイ

第2章 心の病は、こんなにある

クラー)」の状態になってしまうこともあります。

気分の上昇が、軽く短いタイプもある

「II型」とよばれるタイプでは、気分の上昇が軽く短い「軽躁」の状態が4日以上つづきます。II型は、I型にくらべてうつ状態が長いという特徴があります。再発とともに寛解期が短くなっていくことは共通しています。

双極性障害は、うつ病と誤診される場合が多くあって、とくにII型では、「うつ状態が改善して、気分がよくなっているだけだ」と誤解されてしまいがちなんだクマ。うつ病の治療をしてもなかなか治らず、長い年月が経ってから双極性障害と診断されるケースが多くあるクマ。

6 双極性障害の進行

双極性障害の症状が，再発をくりかえしながら悪化していく過程を示しました。症状が出ていない寛解期が次第に短くなり，症状の起伏も大きくなっていきます。

注：必ずしもこのような過程を経るわけではなく，症状は人それぞれなので，双極性障害のうたがいがある場合には，必ず医師の診断を受けましょう。

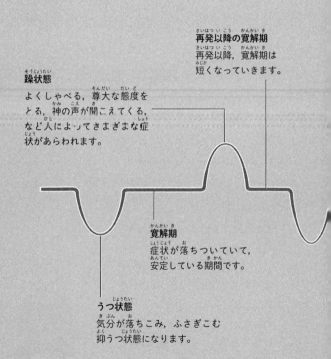

再発以降の寛解期
再発以降，寛解期は短くなっていきます。

躁状態
よくしゃべる，尊大な態度をとる，神の声が聞こえてくる，など人によってさまざまな症状があらわれます。

寛解期
症状が落ちついていて，安定している期間です。

うつ状態
気分が落ちこみ，ふさぎこむ抑うつ状態になります。

第2章 心の病は，こんなにある

急速交代型（ラピッドサイクラー）
再発のたびに寛解期が短くなり，ついには，1年に4回以上も躁状態とうつ状態をくりかえしてしまうこともあります。

— 不安障害・強迫性障害 —

7 不安で不安で，汗が出たり息が苦しくなったりする

あの状況におちいったらどうしよう，という不安

電車に乗ると，急激な不安に襲われ，発汗や動悸，過呼吸をおこしてしまう人がいます。あるいは，人前に立つことが苦手で，緊張のあまりパニックにおちいってしまう人がいます。

どちらも，「不安障害」という精神疾患です。不安障害では，あの状況におちいったらどうしようという過剰な不安によって，はげしい身体反応が引きおこされてしまいます。

第2章 心の病は,こんなにある

7 不安の対象

不安障害の,不安の対象の代表例をえがきました。不安の対象は,ここにあげた例のほかにも,暗闇や高所など,さまざまなものがあります。

電車　　　　　　　閉所

人ごみ
(広場恐怖症)

人前
(社交不安障害)

歯医者などの
身動きのとれない状況

日常生活にも,影響が出ちゃうクマ。

不安の対象が，特定できない場合もある

不安の対象は，ほかにも，閉所，人ごみ，身動きのとれない状況などさまざまです。息苦しさに襲われ，このまま死んでしまうのではないかと思うほどの強烈なパニックを経験したあと，また同様のパニックになるのではないかという不安が対象になることもあります。このような場合は，「パニック障害」とよばれます。

一方，不安の対象が特定できない場合は，「全般不安症」とよばれます。こういった症状が慢性化し，日常生活に支障をきたしてしまうことも多いため，早めの治療が重要です。

パニック障害は，パニック発作が主な症状だ。パニック発作は，発汗，頻脈，呼吸促迫，動悸，下痢，めまい，反射亢進，血圧上昇，失神，四肢のふるえ，落ち着きのなさ，尿意，胃の不快感など，じつに多彩だ。

第2章　心の病は，こんなにある
── 不安障害・強迫性障害 ──

8 不安にかられて，不合理な行動をくりかえしてしまう

強迫観念にかられ，何度も手を洗ってしまう

　不安障害のほかにも，不安という感情がきっかけとなる病気として「強迫性障害」があげられます。強迫性障害とは，これをしないと不安だという「強迫観念」にかられ，特定の行動をくりかえしてしまう病気です。

　たとえば，何かにふれるたびに汚染された手を洗わなければいけないという強迫観念にかられ，何度も手を洗ってしまうといった「潔癖症」も，強迫性障害です。強迫観念の対象は，物事の手順や正確性，左右対称性，特定の数字など，多岐にわたります。

61

強迫性障害と不安障害の関連は深い

強迫性障害は,以前は不安障害に含まれていました。しかし2013年に発表されたアメリカ精神医学会の診断基準「DSM-5」から,別の病気に分類されることになりました。とはいえ両者の関連は深く,治療法などには共通している点が多くあります。

なおDSM-5では,過去の精神的なショックによってパニックがおきる「心的外傷後ストレス障害(PTSD)」も,不安障害とは別の病気に分類されることになりました。

強迫性障害では,患者の約40%にうつ病が併発しているといわれるクマ。そのほかに併発しやすい症状としては,社交恐怖,アルコール関連障害,摂食障害,パニック障害などがあるクマ。

第2章 心の病は、こんなにある

8 強迫観念の対象

強迫性障害の、強迫観念の対象の代表例をえがきました。強迫観念の対象は、ここにあげた例のほかにも、靴ひもをしっかりと結びなおす、かぎや火元を何度も確認するなど、さまざまなものがあります。

手洗い

左右対称性

物をためこむ

手順や正確性

他人に迷惑をかけていないかと不安になり、確認する

特定の数字へのこだわり

何に強迫観念を感じるかは、人によってことなるのね。

— 不安障害・強迫性障害 —

9 不安なものに，少しずつ慣れていこう

薬物療法と，認知行動療法を並行して行う

　不安障害や強迫性障害の薬物療法では，うつ病の治療に効果があるSSRI※1やSNRI※2などの薬剤が，近年では主に用いられています。薬物療法は治療に効果的ではあるものの，再発を防ぐことがむずかしいという欠点があります。そこで，再発予防の効果が認められている認知行動療法を並行して行うことが推奨されています。

※1：SSRI…セロトニン再取りこみ阻害薬
※2：SNRI…セロトニン・ノルアドレナリン再取りこみ阻害薬

第2章 心の病は，こんなにある

不安や強迫観念の対象に，段階的にふれていく

認知行動療法では，長い時間をかけて根本的な不安を取り除くことで，再発の可能性を下げることが可能です。具体的には，不安や強迫観念の対象に段階的にふれていくようなトレーニングが主に行われます。

たとえば，人前に立つことが苦手な社交不安障害の患者の場合，まずカウンセラーの前で自己紹介をしてもらうなど，少人数での会話を行います。最初は少人数でもむずかしいかもしれません。しかし何度も挑戦するうちに，次第に不安を覚えなくなるといいます。なれた段階でもう少し人数をふやしてみて……，とくりかえすことで，人前で話すことの不安を段階的に克服していきます。

9 段階的に克服する

不安障害や強迫性障害に対する,認知行動療法を用いた治療のようすをえがきました。症状によって,治療の内容はことなります。できることからはじめて,少しずつ段階的に不安や強迫観念を克服していくという点は共通しています。

不安障害の治療例
人前で話すことが苦手な患者が,少人数での会話に挑戦しているようすです。最終的に,大人数の前で話すことをめざします。

第2章 心の病は，こんなにある

強迫性障害の治療例
たくさんの人がよくさわる場所をきたないと感じ，ふれることができない患者が，ドアノブにそっとふれているようすです。ふれたあとに手洗いを少しがまんしてみることで，少しずつ強迫観念を解消していきます。

― 心的外傷後ストレス障害（PTSD）―

10 心の深い傷が原因で，意欲の低下や発作がおきる

心的外傷（トラウマ）の後，しばらくして発症

「心的外傷後ストレス障害（PTSD）」とは，戦争，戦闘，傷害事件，強姦，災害，虐待などを体験したことで受けた心的外傷（トラウマ）に対して，潜伏期間を経て，しばらくしてから発症する障害です。突然，怖い体験を思いだす「フラッシュバック」が発生したり，不安や緊張がつづいたり，めまいや頭痛，眠れないといった症状が出たりします。

第2章 心の病は，こんなにある

10 戦争は大きなトラウマになる

戦争などの強烈な体験は，PTSDを引きおこす可能性があります。実際，ベトナム戦争に従軍していた退役軍人の15％が，PTSDを発症しています。

一般人口のうち，PTSDの有病率は約7％ともいわれているクマ。

治療によって,患者の30％が完全に回復する

PTSDの治療は,薬物療法と認知行動療法を併用します。**まずは,安心感を提供し,原因となった体験と関連した場所や状況から隔離することが治療の第一歩になります。**

治療を受けることによって,患者の30％が完全に回復する,40％に症状が軽度に残る,20％に中等度に症状が残る,10％で改善がとぼしい,というデータがあります。よい治療経過を得られるポイントとしては,早期の発症であること,症状の持続が短いことなどがあげられます。

> 自然災害や事故などのトラウマを負うような体験をしたあと,トラウマ反応が1か月以上つづくと,PTSDと診断されるぞ。PTSDの発症率は一般的に,大地震などの自然災害では約1割,交通事故では約1割,性犯罪被害では4〜5割程度だといわれているぞ。

第2章　心の病は，こんなにある

memo

クラスがえが苦手

博士,クラスがえをしてから元気のない友達がいて,心配です。

それは,「適応障害」かもしれんのぅ。

てき,おう,しょうがい?

うむ。大きなストレスや環境の変化があると,抑うつや不安,集中力の低下などの異常がみられることがあるんじゃ。クラスがえの日,新しいクラスで緊張したじゃろ?

最初は知らない子が多くて,緊張しました。

多くの子は,新しいクラスに次第になじんでいく。でも友達はきっと,なかなかなじめないんじゃろう。

どうしたらいいですか?

適応障害(てきおうしょうがい)は、ストレスの原因(げんいん)がなくなれば、回復(かいふく)の早(はや)い病気(びょうき)じゃ。友達(ともだち)が、早(はや)く新(あたら)しいクラスになじめるといいのぅ。

— 統合失調症 —

11 幻覚があらわれたり，妄想を信じたりする

思考の異常や，奇妙な表情などの症状も

「統合失調症」は，幻覚と妄想を主症状とする「精神病性障害」の，代表的なものです。幻覚とは，実在しないはずの対象を知覚する体験のことです。一方，妄想は，現実にはありえないことを信じこみ，論理的な説明や説得で訂正することができなくなることです。

統合失調症では，思考の異常がみられたり，意志をあらわすことができない「昏迷」の状態におちいったり，大げさな動作や言葉づかい，奇妙な表情をみせたりといった症状があらわれることがあります。また，無気力になったり会話の内容がとぼしくなったりする場合もあります。

第2章 心の病は，こんなにある

11 統合失調症の主な症状

統合失調症では，幻聴や妄想などさまざまな症状があらわれます。主な症状を，下に示しました。

自分の悪口が聞こえるように感じる

理解できない論理で人を疑う

よくしゃべり，ひとり言がふえる

自分の考えがつつ抜けになっていると感じる

自分が超越的な存在だと思う（自分が世界を動かしているなど）

神経細胞の活動が活発になることが原因か

統合失調症は,生活上の出来事やストレスがきっかけで発病することがあります。近親者のおおよその発病率は,親子で10％,一卵性双生児で50％で,遺伝的要因が作用していると推測されています。

統合失調症の原因として,有力なものに「ドーパミン仮説」があります。これは,神経伝達物質の一つである「ドーパミン」の過剰な分泌によって,神経細胞の活動が活発になることが原因とする説です。

統合失調症は世界中のどの地域でも,およそ100人に1人の割合で発症するとされているそうよ。10代,20代での発症が最も多くて,思春期から成人早期にかけて受けたストレスが発症のきっかけとなる場合が多いと考えられているんだって。

第2章　心の病は，こんなにある

― 統合失調症 ―

12 統合失調症の治療には，薬の使用が欠かせない

ドーパミンのはたらきを強力に抑制

　統合失調症の症状のうち，患者の脳でドーパミンなどの神経伝達物質が過剰になることで発生していると考えられる症状を，「陽性症状」といいます。統合失調症の治療には，ドーパミンを抑制するはたらきをもつ「抗精神病薬」が，不可欠となっています。

　「定型抗精神病薬」は，ドーパミンのはたらきを強力に抑制し，陽性症状を軽減するはたらきをもちます。しかし，意欲の低下といった「陰性症状」には，あまり効果がみられません。「非定型抗精神病薬」は，ドーパミンだけでなく，セロトニンなどの神経伝達物質にも作用することで，陽性症状をおさえつつ陰性症状にも効果がみら

77

れます。

治療には、家族の協力も重要

薬物療法と並行して、認知行動療法が行われる場合もあります。患者が妄想にとらわれている場合、非合理的であることをていねいに説明します。治療には、家族の協力も重要です。家族の接し方が本人の回復の経過を左右することがわかっており、患者への寄りそい方を家族が練習する「家族SST（社会生活技能訓練）」も行われます。

統合失調症は「疑いの病気」とよばれることがあるぞ。たとえば、レストランで食事をしているときに、ほかの客がスパイだと疑う妄想にとらわれてしまうといった症例がある。認知行動療法では、このような疑いを払う治療が行われるんだ。

第2章 心の病は，こんなにある

12 家族SST

SST（社会生活技能訓練）とは，日常生活の中でおきやすい場面ごとのコミュニケーションを練習するプログラムのことです。統合失調症の患者をもつ家族に対しては，主に以下の3項目を実践方式で学ぶプログラムが組まれます。医療機関や各地域の保健福祉施設，家族会などで受講することができます。

1. 病気を正しく理解する。

2. 「自分の育て方が悪かったのでは」といった自責の念や統合失調症への偏見をなくす。

3. 統合失調症の人への対応能力を向上させる。

家族のだれかが統合失調症になったら，きっと途方にくれるクマ。患者との接し方などを教えてもらえるなら，心強いクマ。

― パーソナリティ障害 ―

13 ものの見方やとらえ方に, かたよりがある

自身や他人に苦痛をあたえ, 生活に支障をきたす

同じ状況に置かれても, そのときどのように考え, どんな行動をとるのかは, 人それぞれです。しかし, そういった反応が文化的・社会的な平均から大きくずれている場合, 自身や他人に苦痛をあたえ, 生活に支障をきたしてしまうことがあります。このような精神疾患を「パーソナリティ障害」とよびます。

DSM-5 によると, パーソナリティ障害は大きく3群に分けられます。A群は「奇妙で風変わり」, B群は「演技的・感情的で移り気」, C群は「不安で内向的」という特徴があります。各群ごとに3〜4分類, 全部で10分類が存在します(82〜83ページ)。

第2章 心の病は、こんなにある

治療によって、症状の改善が期待できる

　パーソナリティ障害は、一部、生まれもった特性に加えて、後天的な経験が原因で考え方や行動がかたよってしまい、発症すると考えられる精神疾患です。「パーソナリティ」と聞くと、それは生まれもったものであり、修正できないように思えるかもしれません。しかし、治療によって症状の改善が期待できます。

> パーソナリティ障害は、小児期の後期か、青年期にあらわれる傾向があって、成人期に入って明らかになるそうよ。小児期にあらわれたパーソナリティ障害の特性が、成人するまで持続することは少なくて、歳をとるにつれて、反社会性パーソナリティ障害や、境界性パーソナリティ障害などは、目立たなくなったり、軽くなったりするそうよ。

13 パーソナリティ障害の分類

パーソナリティ障害の，3群10分類をまとめました。イラストは，パーソナリティ障害の患者のイメージをえがいたものです。

A群：奇妙で風変わり
・猜疑性（妄想性）パーソナリティ障害
・シゾイド（スキゾイド）パーソナリティ障害
・統合失調型（失調型）パーソナリティ障害

右のイラストは，訪ねてきたセールスマンに対して，不信感と怒りを強くあらわにする猜疑性パーソナリティ障害の男性です。

第2章 心の病は,こんなにある

B群:演技的・感情的で移り気
- 反社会性パーソナリティ障害
- 演技性パーソナリティ障害
- 境界性パーソナリティ障害
- 自己愛性パーソナリティ障害

右のイラストは,トラブルや警察沙汰がずっとたえない,反社会性パーソナリティ障害の男性です。

C群:不安で内向的
- 回避性パーソナリティ障害
- 依存性パーソナリティ障害
- 強迫性パーソナリティ障害

右のイラストは,「もし失敗したらどうしよう」と考えすぎて引きこもってしまった回避性パーソナリティ障害の男性です。

— パーソナリティ障害 —

14 カウンセリングで，悪い信念の影響を弱めよう

入院治療や，薬物療法を行うこともある

パーソナリティ障害の治療では，「精神療法」が主に行われます。精神療法とは，対話や訓練などによって，患者に自己の問題を理解してもらい，行動の変化や苦痛の軽減をめざす治療法です。また，破壊衝動があるなどの場合には入院治療を行ったり，抑うつや不安などの症状に対しては薬物療法を行ったりすることがあります。

意味がないなと，自動的に思ってしまう

通常の精神療法で改善がみられない場合には，「スキーマ療法」を用いるという選択肢もありま

第2章 心の病は、こんなにある

す。「スキーマ」とは、認知の根底にある信念のことです。たとえば、何をやっても失敗するだろうという「失敗スキーマ」がある人は、大事な仕事を前にして、まじめに取り組んでも意味がないなと自動的に思ってしまいます。失敗スキーマは、幼少期に形成されうる、18種類の「早期不適応スキーマ」の一つです。

==スキーマ療法では、カウンセリングによって患者の早期不適応スキーマを自覚させ、その影響力を弱めたり、自動思考に流されない方法を考えたりすることで、苦痛を解消していきます。==

スキーマ療法は通常の精神療法にくらべて、患者の心のより深い領域にまで踏みこむ手法で、治療には数年単位の期間を要するぞ。

14 早期不適応スキーマ

自動思考を生みだす18種類の早期不適応スキーマを，五つの分類とともに並べました。

断絶と拒絶

他者とのかかわりを求める感情・欲求が満たされないことによって形成されるスキーマ群

- 見捨てられ／不安定スキーマ
- 社会的孤立／疎外スキーマ
- 不信／虐待スキーマ
- 欠陥／恥スキーマ
- 情緒的剥奪スキーマ

自律性と行動の損傷

自律性や有能性を求める感情・欲求が満たされないことによって形成されるスキーマ群

- 依存／無能スキーマ
- 巻き込まれ／未発達の自己スキーマ
- 損害や疾病に対する脆弱性スキーマ
- 失敗スキーマ

第2章 心の病は，こんなにある

他者への追従

自由を求める感情・欲求が満たされないことによって形成

されるスキーマ群
- 服従スキーマ
- 評価と承認の希求スキーマ
- 自己犠牲スキーマ

過剰警戒と抑制

自発性と遊びにかかわる感情・欲求が満たされないことに

よって形成されるスキーマ群
- 否定／悲観スキーマ
- 感情抑制スキーマ
- 厳密な基準／過度の批判スキーマ
- 罰スキーマ

制約の欠如

自己制御にかかわる感情・欲求が満たされないことによっ

て形成されるスキーマ群
- 権利欲求／尊大スキーマ
- 自制と自律の欠如スキーマ

ゴッホも心の病だった

オランダの画家であるフィンセント・ファン・ゴッホ（1853 〜 1890）は，「ひまわり」や「自画像」など，数々の名画をえがきました。その一方で，自分の耳を切り落としたことや，最後は拳銃で自殺をしたエピソードなどが知られています。

ゴッホは，何らかの心の病をわずらっていたといわれています。病名については，「統合失調症」など，諸説あります。2016年，アムステルダムのゴッホ美術館で行われた討論会では，ゴッホが「双極性障害」もしくは「境界性パーソナリティ障害」であった可能性が指摘されました。

研究者らによると，ゴッホが心の病を発症したのは，過度の飲酒，乱れた食生活，共同生活をしていた画家のポール・ゴーギャン（1848 〜 1903）

との関係の悪化など，さまざまな要因が重なったためと考えられています。また，心の病の症状が出るたびに，再発するのではないかという恐れが強まり，その恐怖心が自殺につながったという見方もされています。

フィンセント・ファン・ゴッホ
（1853 〜 1890）

— アルコール依存 —

15 飲酒をおさえられず，飲まないと手足がふるえる

日本では，約100万人がアルコール依存の状態

　アルコール依存とは，アルコールを飲みたいという強い欲望または強迫観念があったり，飲酒によってさまざまな問題が生じているにもかかわらず飲酒をコントロールできなかったりする状態のことです。飲む量をふやさないと酔った気分にならず，飲む量を減らすと，手がふるえたり，動悸がしたりといった症状もあらわれます。

　日本では現在，約100万人がアルコール依存の状態であると推定されています。

90

第2章　心の病は，こんなにある

自分の状況を語り合う
「グループ療法」が有効

　アルコール依存のリスクは，抑うつ気分や睡眠障害，幼少期の行為障害（非行）や多動性障害の存在により，高まると考えられています。また，アルコール依存の近親者がいる場合，一般よりも3〜4倍もアルコール依存が多いことが知られています。

　治療には，患者の治療意欲や努力が不可欠です。精神療法では，飲酒する状況や動機の分析，飲酒にかわるストレスの対処法が焦点となります。同じ悩みをかかえた人が集まって自分の状況を語り合う「グループ療法」が，アルコール依存に有効であると考えられています。

15 飲酒による脳の機能低下

飲酒による，脳の機能の低下をえがきました。アルコールには，麻酔作用があります。少量の飲酒でおきる爽快期では，大脳皮質の機能が低下して大脳辺縁系の抑制がはずれ，人は陽気になったり大胆な行動をとったりします。

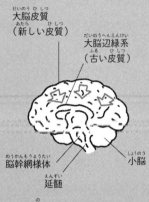
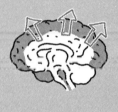

1. 飲んでいないとき
大脳皮質が，大脳辺縁系のはたらきを抑制している

2. 爽快期
大脳皮質の機能が低下して大脳辺縁系の抑制がはずれ，解放感を感じる

第2章 心の病は，こんなにある

━━━━━━：普通の状態

━━━━━━：軽い機能低下の状態

━━━━━━：重い機能低下の状態

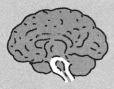

3. 酩酊期
小脳の機能低下により千鳥足になる

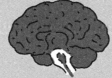

4. 泥酔期
意識混濁。まともに立つことができない

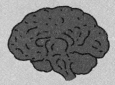

5. 昏睡期
延髄の機能も低下して呼吸困難を生じる

— 薬物依存 —

16 薬物をやめられず，やめると気持ち悪くなる

不快感をおさえるために，さらに薬物を摂取する

薬物依存とは，くりかえし薬物を摂取することで，身体的にも，心理的にも，その薬物なしではいられなくなる状態におちいることです。薬物依存を招く薬物としては，覚せい剤やコカイン，有機溶剤，抗不安薬，バルビタール系睡眠薬，カフェイン，たばこ（ニコチン）などがあります。

薬物依存の状態では，薬物の摂取に強い欲求が持続します。また，汗をかく，鳥肌が立つ，気持ちが悪くなる，意識障害がおきるといった離脱症状があらわれて，その不快感をおさえるために，さらに薬物を摂取してしまいます。

第2章 心の病は,こんなにある

16 薬物依存を招く薬物

脳内にあるドーパミンニューロンからドーパミンが放出されると,私たちは気持ちよさを感じます。薬物依存を招く薬物には,放出されたドーパミンの回収をさまたげるもの(A)や,ドーパミンニューロンの抑制をはずすもの(B)があります。

A. ドーパミンの回収をさまたげる薬物

コカインや覚醒剤などの薬物は,ドーパミンを回収する「ドーパミントランスポーター」を封鎖します。

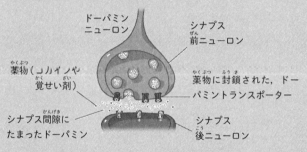

B. ドーパミンニューロンの抑制をはずす薬物

モルヒネやヘロイン,アルコールなどの薬物は,ドーパミンニューロンを抑制している「抑制性ニューロン」のはたらきをさまたげます。

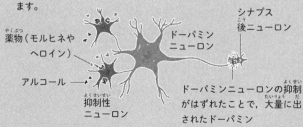

95

有害とわかっていながら，摂取をつづけてしまう

薬物はくりかえし使用していると，耐性ができ，効果が弱くなります。そのため，しだいに摂取量はふえていきます。やがて，有害であることがわかっていながら，摂取をつづけるようになってしまいます。

薬物依存の治療では，患者自身が依存薬物をやめ，治療を受ける意志をもつことが前提となります。グループ療法や家族への介入など，心理社会的治療が行われます。

薬物関連障害には依存のほかに，「中毒（急性中毒）」「乱用」があるクマ。中毒とは，摂取した薬物が原因となって，短期的に精神機能が低下したり，変化したりすることだクマ。乱用とは，健康を害するような方法で，薬物を摂取することを指すクマ。

第2章 心の病は，こんなにある

— 行為依存・関係依存 —

17 特定の行為や人間関係に依存して，やめられない

仕事や学業，人間関係などに問題が生じる

「行為依存」の患者は，ストレス，むなしさやさびしさといった感情を，ある行為によって得られる快楽によって解消します。このため，その行為をやめられずにずっとつづけてしまうようになります。仕事や学業，人間関係に問題が発生し，さらには行為にお金をかけすぎて経済的な問題も発生します。そして，ときには犯罪をひきおこすことさえあります。

依存する対象は，ギャンブル，インターネット，インターネットゲーム，買い物，セックスなど，さまざまです。近年は，「スマホ依存症」が問題になっています。SNSでたくさんの「いいね」がついたり，ゲームで強い敵を倒せたりする

97

と，そのときの楽しさをもう一度味わいたいと思い，頭の中がスマホにとらわれてしまいます。

　スマホ依存のなかでも，オンラインゲームに依存してしまうものを，「ゲーム障害」といいます。ゲーム障害になると，学業などの社会生活に悪影響が出ても，ゲームを最優先してしまいます。

共依存者は，依存者の世話をやくことに依存する

　近しい人の間でみられる病的な関係性のことを，「関係依存」といいます。通常は身近な家族，パートナーが依存の対象になります。

　一方，「共依存」とは，世話をやかれる人（依存者）と，世話をやく人（共依存者）の間におきる依存です。共依存者が，依存者の世話をやくことに依存します。共依存者は，依存者の世話をすることに自分の存在価値を見いだしており，自分や自分の果たすべき社会的責任を犠牲にしてまで，依存者の世話をすることに熱中します。

第2章 心の病は、こんなにある

17 ギャンブル依存症

行為依存の一例として，ギャンブル依存症の患者がパチンコに熱中しているようすをえがきました。日本では，ギャンブル依存症の患者は約320万人とされており，その8割近くを，パチンコやパチスロの依存症患者が占めているといわれています。

ゲームはしちゃダメなの?

博士,時間を忘れてゲームに熱中してしまい,しかられてしまいました。ゲームに熱中するのは,いけないことなんでしょうか。

そうじゃのぉ。ゲームのせいで友達と仲が悪くなったり,学校で問題がおきたりしたことはあるかの。

この前,少しけんかしたけど,仲直りしました。

ふむ。では,宿題もせず,ご飯や寝るのも忘れて,ゲームをしたことはあるかの。

宿題は,たまに忘れてしまいます…。でも,ご飯はちゃんと食べているし,ちゃんと寝ています!

うむ。それなら大丈夫じゃ。

よかった〜。博士,熱中するのがゲームじゃなくて,勉強やスポーツだったらいいんですか。

打ちこめるものがあるのは,いいことじゃよ。だけど,寝食を忘れるほどのめりこんでいたら,注意が必要じゃ。

― 睡眠障害 ―

18 なかなか眠れなかったり，夜中に目が覚めたりする

ストレスや生活のリズムと，大きな関係がある

　近年，寝つきが悪い，夜中に何度も目が覚めるなど，不眠症状を訴える人が増加しています。一方で，昼間になると急に眠気が襲うといった，過眠を示す人もふえてきています。こうした睡眠障害は，ストレスや生活のリズムと大きな関係があると考えられています。

　睡眠障害のなかで，最も有病率が高いものが「不眠障害（不眠症）」です。不眠障害になると，夜に眠れなくなるため，昼間に眠気や疲労感を感じたり，気分が不安定になったりします。

第2章 心の病は, こんなにある

寝室や寝る前の手順を変える方法もある

青年期の不眠症の原因は, 夜更かしや昼夜逆転などの不規則な睡眠習慣です。一方, 高齢者の不眠症の原因は, 眠りつづける能力が低下するという, 加齢による問題があると考えられます。

不眠症の治療方法には, 睡眠薬が使われます。また, いつも寝られない状態と同じ状態にいるからまた眠れないのではないかという思いこみを解消するために, 寝室を変えたり寝る前の手順を変えたりと, 環境や行動パターンを変える方法もあります。

> 不眠症は, 三つのタイプに分類されるぞ。一つ目は, 20～30分以上眠ることができない「入眠時不眠」。二つ目は, 一度寝入っても何度も目を覚ましたり, そこからしばらく眠れなくなったりする「睡眠維持不眠」。三つ目は, 早朝に目覚めてふたたび眠ることができない「早朝覚醒」だ。

18 正常な睡眠のリズム

成人の,一晩の眠りの深さの変化をあらわしたグラフです。午前0時に眠りにつき,朝の8時におきる場合の,正常な眠りのときにみられるリズムです。入眠後,すぐに「ノンレム睡眠」がはじまり,入眠から約30分後に,一晩で最も深い眠りに達します。ノンレム睡眠と「レム睡眠」が,一晩に数回ずつくりかえされます。

(出典:Sleep Disorders Center, Stanford University の資料)

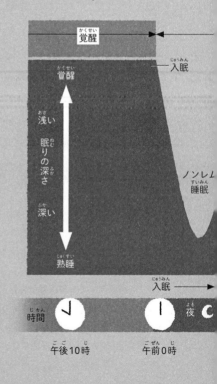

第2章 心の病は、こんなにある

夢を見るのは、レム睡眠のときなんだそうよ。

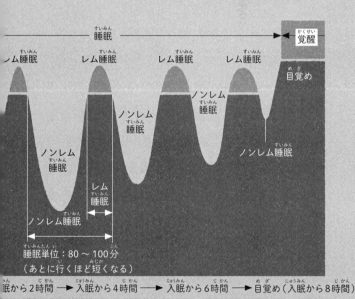

— ひきこもり・非行・摂食障害 —

19 ひきこもりや非行は，中高生によくみられる

ひきこもりの患者は，うつ病の症状をもつ

青年期にみられる特徴に，ひきこもりや非行，摂食障害があります。ここでいう青年期とは，中学生から高校生に相当します。

ひきこもっている人に，うつ病の症状があらわれているケースは，多くあります。統合失調症の初期症状をもつ患者や，強迫性障害，対人恐怖症などの症状をもつ患者も，ひきこもる傾向があります。

一方，万引きや薬物乱用などの非行を行う子供たちの多くは，人格発達上の問題を抱えています。青年期の非行は，非社会性パーソナリティ障害の前駆症状であることが少なくありません。

第2章 心の病は、こんなにある

19 青年期に多い疾患

青年期に多くみられる、ひきこもりや、非行などの反社会的な行動、摂食障害についてまとめました。

ひきこもり
ひきこもっている人の登校や社会参加については、治療を受けた本人がみずから進んでその方向に向かおうとするまでは無理に押しださず、見守るのが原則です。

非行
非行にはしる子供のその後は、患者のパーソナリティの特徴や、治療方針などによって大きく変化します。20代はじめぐらいまでに、いちおう落ち着く患者がほとんどです。

摂食障害
摂食障害の患者に対しては、精神療法により、まずは患者の心の安定がはかられます。薬物療法が行われる場合もあります。体重が標準体重より20％以上少なくなると、入院が必要になります。

摂食障害の患者は，パーソナリティ障害の症状も

摂食障害は，身体イメージの異常と食物摂取へのこだわりを主な特徴とする精神障害です。拒食を示す「神経性無食欲症」と，過食が特徴の「神経性大食症」とがあります。

摂食障害の患者の多くは，パーソナリティ障害の症状ももちます。また，うつ病や双極性障害などの症状をもっている患者も多くいます。不安障害の症状をもつことも，少なくありません。

無食欲症の患者は物事をむずかしく考える，きまじめすぎる傾向があり，対人関係も比較的ぎこちない。対して，大食症には，不安定で衝動的な性格がみられ，アルコールやほかの薬物の依存におちいったり，強迫的に万引きをくりかえしたり，手首を常習的に切ったりするような衝動的行動にはしる傾向が多く認められるぞ。このような患者は，境界性パーソナリティ障害との関連が考えられるんだ。

第2章 心の病は，こんなにある

— 認知症 —

20 忘れたことを忘れてしまい，気づくことができない

認知症には70以上もの種類がある

「認知症」は，脳の神経細胞の変性などによって，思考，理解，記憶，計算といった認知機能が低下してしまう病気です。

認知症には70以上もの種類があります。その中でも，「アルツハイマー型認知症」「血管性認知症」「レビー小体型認知症」の3種類が，認知症全体の90％を占めています。

アルツハイマー型認知症は，新たな記憶が困難

アルツハイマー型認知症では，「アミロイドβ」や「タウタンパク」といったタンパク質のごみが脳内にたまることで神経細胞が死滅し，記憶

109

を司る「海馬」を中心に脳が萎縮します。血管性認知症は、生活習慣病が原因で脳の血管がつまったり破れたりすることで、脳細胞の壊死がおき、認知機能が衰える病気です。レビー小体型認知症では、脳内でタンパク質が集まって、「レビー小体」という小さなかたまりができ、神経ネットワークに異常がおきます。

何かを忘れた自覚がある場合は、老化による物忘れです。認知症による記憶障害は、忘れたこと自体も忘れて、自覚できないのです。

認知症では、記憶力や理解力といった知的能力のほかに、感情面や意欲面にも障害があらわれるクマ。不機嫌になったり、怒りやすくなったりするとか、その逆に、いつも上機嫌で屈託がなく、心地よい気分の状態がつづくことがあるクマ。

第2章 心の病は，こんなにある

20 認知症の症状

認知症には，脳の障害によってあらわれる「中核症状」と，中核症状にともなってあらわれる「周辺症状」があります。中核症状と周辺症状の例を，下に示しました。

中核症状
・記憶障害
・日時や場所の把握の障害
・計画的な実行の障害
・認知，行動，言語の障害
・判断力障害
・性格の変化

周辺症状
・うつ
・不安や焦燥
・妄想
・徘徊や多動
・暴言や暴力
・食行動や性行動の異常　など

― 認知症 ―

21 健康的な生活を心がけても，予防できるとは限らない

進行を止める治療法は，みつかっていない

認知症の症状は，次第に悪化していきます。たとえばアルツハイマー型認知症では，はじめは物忘れ程度だった記憶障害がだんだんと重症化していくとともに，認識の障害や徘徊などの症状があらわれ，発症から平均して8年で死に至ります。

現在では，ごく一部の例外をのぞき，認知症を根本から治療したり，進行を完全に止めたりする治療法はみつかっていません。認知症の薬物療法は，薬によって症状をある程度おさえ，進行をゆるやかにするために用いられています。近年では，軽い記憶障害のみがみられる段階で，認知機能改善薬が処方される場合がふえてい

第2章 心の病は,こんなにある

ます。

認知トレーニングは,予防に効果があるとされる

認知症の予防としては,適度な運動,バランスのよい食事,質の高い睡眠,計算などを行う「認知トレーニング」があげられます。これらは,認知症の予防に効果があるとされています。しかし,確実に予防できるようなものではありません。健康的な生活を心がけつつも,予防できるとはかぎらないという考えでいるのがよいとされます。

認知症の介護をする人には,ものすごいストレスがかかるが,介護のストレスを減らす「START(strategies for relatives)」というプログラムがあるぞ(114〜115ページ)。これはイギリスで効果が実証されていて,日本にも導入されつつあるんだ。

21 介護ストレス軽減プログラム

介護者のストレスを軽減させるプログラムに、介護者とカウンセラーが1対1で行う「START」があります。STARTで取り組む内容の中でも、とくに重要な三つの項目について、下にまとめました。STARTでは、全8回で介護者の心理教育を行います。

困った行動がおきる状況を分析する

たとえば、夕飯の時間を何度も聞いてくる場合、知らないという「不安」がきっかけになっていると考えられます。夕飯の時間を書いた紙をはるなどして、そのきっかけの対策を考えることで、問題行動をおさえ、ストレスの元を減らします。

介護する側のストレスを減らす方法を、カウンセラーが教えてくれるのね。

第2章 心の病は, こんなにある

コミュニケーションの方法を見直す

認知症の人とのコミュニケーションは, 患者側に変化を求めるのはむずかしく, 介護者側のくふうが必要です。「いいすぎ」や「がまんしすぎ」は, おちいりがちな誤ったコミュニケーションの例です。

自分が楽しめることや2人で楽しめることを考える

介護につきっきりになってしまうと, ストレス解消がうまくできなくなってしまいます。そこで, 読書など自分1人の時間をつくって楽しめることや, 散歩など介護者と2人で楽しめることを行います。

― 多重人格 ―

22 1人の中に，複数の人格が存在するようにふるまう

ほぼすべての症例に，心的外傷（トラウマ）

「多重人格」は，「解離性同一性障害」の別の呼び名です。同一人物の中に，複数の別の人格が存在するようなふるまいが認められる状態をいいます。

解離性同一性障害の原因ははっきりとはしていないものの，ほぼすべての症例で，生活歴に幼児期の性的虐待，身体的虐待などの心的外傷（トラウマ）がみられます。また，催眠にかかりやすく，被暗示性が高いことも，この障害の発症と関連があると考えられています。

第2章 心の病は,こんなにある

22 主人格と副人格

解離性同一性障害のイメージをえがきました。主人格と副人格は,対極的な人格となることが多くあります。副人格が,二つ以上あらわれる場合もあります。

副人格は，主人格と対極的な特性が多い

　二つ以上の人格が観察され，少なくとも一方の人格が他方の人格の行動を忘れている場合は，解離性同一性障害として診断されます。**個々の人格は，一貫した人格特徴，対人関係，行動パターンを示します。**それぞれの名前をもつ症例もあります。主に主人格が治療にかかわろうとするものの，抑うつ的で不安が強く，過剰に道徳的なことがあります。一方，副人格は，主人格と対極的な特性をおびることが多く，もっとも多く観察されるのは，幼児的な副人格です。

治療でもっとも有効と考えられているのは，「洞察志向的精神療法」だクマ。この治療を通して人格を一つにしたり，副人格をなくしたりすることをめざすクマ。催眠療法や薬物療法が併用されることもあるクマ。

第2章 心の病は，こんなにある

memo

ジキルとハイドって何?

博士,この前テレビを見ていたら,刑事が「まるでジキルとハイドだ」っていってました。ジキルとハイドって,何ですか?

ふむ。『ジキル博士とハイド氏』という小説が元になった言葉じゃの。

小説? どんな小説ですか?

表向きは善良なジキル博士には裏の顔があり,特殊な薬を飲むことで凶悪なハイド氏へと変身し,犯罪をくりかえすという内容じゃ。

薬で変身? 怖い!

うむ。この小説以来,二重人格をあらわす言葉として,「ジキルとハイド」が使われるようになったんじゃよ。ちなみにハイドという言

葉には,「隠れる」という意味があるんじゃ。
ジキル博士の隠れた人格だから,ハイド氏と
いうわけじゃの。

— 発達障害 —

23 発達障害は，その人の 生まれつきの特性

発達障害のうち，主なものは 三つのタイプ

　生まれつき脳の発達が通常とことなることで，生活に支障をきたしてしまう場合があるのが「発達障害」です。DSM−5 では，「神経発達症」というカテゴリーに含まれています。しかし近年では，精神疾患というよりは，生まれつきの特性であるというとらえ方が一般的です。

　発達障害のうち，主なものは，「自閉スペクトラム症（ASD）」「注意欠如多動性障害（ADHD）」「学習障害（LD）」の三つです。実際に診断を受けることが多いのは，ASDとADHDだといわれています。

第2章 心の病は，こんなにある

ADHDの特徴は，「不注意」や「多動」

ASDの主要な症状は，対人関係やコミュニケーションの障害，興味と行動のかたより（こだわり）です。

ADHDは，物をよくなくすといった「不注意」や，じっとしていられないといった「多動」が主にみられる発達障害です。

LDは，知能の遅れがみられないにもかかわらず，読む，書く，聞く，話す，推論するなどの行為に関して，何らかの障害を示すものです。

これら三つのほかにも，突発的な発声や動きを行う「チック症」や，言葉を円滑に発せられない「吃音症」などが発達障害に含まれるそうよ。

123

23 発達障害の主な三つのタイプ

自閉スペクトラム症（ASD），注意欠如多動性障害（ADHD），学習障害（LD）のそれぞれの症例を示しました。ここであげた症状は，一例です。

自閉スペクトラム症（ASD）

急に予定が変わったり，はじめての場所に行ったりすると不安になり，動けなくなってしまいます。周囲の人がせかすとよけいに不安が大きくなり，突然大声をあげてしまうことがあります。一方，慣れている場所ではだれよりも一生懸命に，活動に取り組みます。

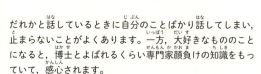

だれかと話しているときに自分のことばかり話してしまい，止まらないことがよくあります。一方，大好きなもののことになると，博士とよばれるくらい専門家顔負けの知識をもっていて，感心されます。

第2章 心の病は，こんなにある

注意欠如多動性障害（ADHD）

たいせつな仕事の予定をよく忘れたり，たいせつな書類を置き忘れたりしてしまいます。一方，気配りがうまく，困っている人がいればだれよりも早く気がつき，手助けをすることができます。

学習障害（LD）

会議でメモをとろうとしますが，書くことが苦手で，書くことに気をとられて，かえって会議の内容がわからなくなってしまいます。ボイスレコーダーを使うなどのくふうによって，苦手をカバーできます。

（出典：厚生労働省のウェブサイト［https://www.mhlw.go.jp/seisaku/17.html］を，一部変更）

― 発達障害 ―

24 周囲の気づかいで, 生きづらさがやわらぐ

親のしつけや愛情不足が原因ではない

発達障害は，遺伝的な原因に加えて，妊娠時の母親の糖尿病，出産時の低酸素状態などが原因と考えられています。親のしつけや愛情不足が原因というのは誤解で，現在では完全に否定されています。

現状では，発達障害の根本的な原因を取り除くことは困難です。しかし，薬でつらい症状をおさえたり，患者本人の行動や周囲の人の気づかいで，生きづらさをやわらげたりすることは可能です。

第2章 心の病は，こんなにある

24 周囲の人ができる配慮

発達障害をもつ子供や大人に対する，よりよい気づかいの方法を示しました。それぞれの症状に合わせたくふうをすることで，本人の生きづらさを軽減することができます。

失敗したときはしからずに，問題の解決方法をいっしょに考えましょう。うまくできたときに，しっかりとほめることもたいせつです。

図を使って，ルールや約束事を視覚的にわかりやすく提示しましょう。

コミュニケーションをとるときは，「ゆっくり」「短く」「正確に」伝えることを心がけます。遠まわしな表現や，あいまいな表現はさけましょう。

前もって，スケジュールや計画を明確に伝えておきましょう。

発達障害の人に，苦手なことや得意なことを教えてもらうこともたいせつだ。

127

個々の場面での対処法を学ぶことで，ストレスが軽減

　一般的なのは，具体的な場面を想定したふるまい方を学び，コミュニケーションスキルを高める取り組みです。発達障害をもつ子供に対しては，現在抱えている問題の解決や将来の社会的自立をめざした，「療育」とよばれる教育・トレーニング支援が行われます。

　一方，発達障害をもつ大人に対しては，本人が過ごしやすい環境をつくる「環境調整」の方法を学んだり，発達障害の理解を深め，個々の場面での適切な対処法を学んだりする「精神療法」がとられます。周囲の人が理解を深め，適切な気づかいを行うこともたいせつです。

第2章　心の病は，こんなにある

— 自閉スペクトラム症（ASD） —

25 対人関係が苦手で，何かに強くこだわる

相互に意思の疎通をはかることができない

　自閉スペクトラム症（ASD）の特徴は，対人関係がうまくできないことです。自分の考えていることや感じていることを，相手に伝えることができません。相手の考えていることを適切に理解できないところもあります。このため，相互に意思疎通がはかれず，日常活動にさまざまな問題がおこり，ストレスがたまります。

　コミュニケーションの障害のほかに，いろいろなことに固執したり，ある事がらが頭からはなれずに困るようなことも，しばしばみられます。

社会人になって，問題にぶつかるケースがある

ASDの障害は，知能の発達程度によってかくされるため，子供のころには目立たないこともあります。学生生活では，決められたことを守り，それを覚えて再現することができれば優秀な学生であり，高い評価を受けます。**ところが社会人になると，みずから問題点や課題をみつけて，年齢や生活背景のことなる他人と協力しながら，解決していくことが日々求められます。**このため，社会人になってから，障害の問題にぶつかるケースがあります。

幼少期からみられるASDの特徴としては，「視線を合わせることができない」「身ぶり，顔の表情，体の向き，会話の抑揚の有無などに異常がある」といったことがあげられるぞ。このために，1人遊びが多かったり，ほかの子供たちとまじわれないこともしばしばあるんだ。

第2章 心の病は，こんなにある

25 興味のかたより

自閉スペクトラム症（ASD）の子供にみられやすい特徴の例として，興味の対象が特定のものにかたよっている状況をえがきました。たとえば電車などの乗り物に関心を寄せた場合，駅名を覚えたり，車両名の詳細まで記憶したりします。バス，乗用車などの乗り物のほか，相撲の力士名であったり，植物，動物の名前やその生態を記憶する場合もあります。

興味のあることに一途なんだクマ。

映画『レインマン』

「落ちたつまようじの本数を瞬時にいいあてる」,
「カードをすべて暗記して,カジノで勝ちつづけ
る」。これらは,1988年に公開されたアメリカの
映画『レインマン』で,主人公のレイモンドがみせ
たおどろきの能力です。

　レイモンドの能力は,驚異的な能力をもつ「サ
ヴァン症候群」の人物をモデルにしたといわれてい
ます。サヴァン症候群とは,精神障害や知能障害
をもちながら,ごく特定の分野に突出した能力を
発揮する人や症状をいいます。サヴァン症候群の
人は,自閉スペクトラム症である場合が多いとい
われています。

　サヴァン症候群の人がもつ能力は,さまざまで
す。分厚い書籍を一度読んだだけですべて記憶でき

る,電話帳や円周率を暗唱できる,音楽を1度聴いただけで再現できる,といった事例が報告されています。サヴァン症候群のくわしいメカニズムは,解明されていません。

― 注意欠如多動性障害（ＡＤＨＤ）―

26 忘れっぽかったり，落ち着きがなかったりする

文房具を忘れる，宿題を忘れる

注意欠如多動性障害（ＡＤＨＤ）の主な症状である，注意が足りないという症状は，学校でさまざまな問題を引きおこします。文房具を忘れる，宿題を忘れる，財布や時計，家のかぎ，携帯電話，眼鏡，重要な書類などをどこに置いたのかわからなくなってしまう，といった感じです。また，授業に集中できず，ぼうっとしているようにみえてしまいます。

大人の場合は，会社に遅刻をしたり，約束を守れなかったり，仕事のしめ切りを守れないといった問題が生じます。

第2章 心の病は，こんなにある

26 不注意と多動性

注意欠如多動性障害（ADHD）の主な症状には，不注意と多動性があります。ここでは，不注意の例として忘れ物と遅刻，多動性の例として貧乏ゆすりと授業中の離席をえがきました。

不注意

忘れ物

遅刻

多動性

落ち着きがない

じっと座ることができない

135

指を動かしたり，貧乏ゆすりをしたりする

ＡＤＨＤのもう一つの主な症状に，多動性があります。この問題については，具体的に次のようなことがあげられます。

まず，落ち着きがなく，体の一部を動かします。たとえば，指を動かしたり，貧乏ゆすりなどをして足を動かしたり，床を足でリズミカルにたたいたり，机を指でトントンたたいたりします。そして，じっと座ることができず，離席をしてしまいます。また，静かに遊んだり，静かにすごしたりすることもできません。

> ＡＤＨＤは，しゃべりすぎる傾向もあるクマ。他人の話が終わらないうちにしゃべりだす，人の話にかぶせてしゃべる，人の言葉の先をしゃべってしまうといった感じだクマ。

第2章 心の病は、こんなにある

― 学習障害（LD）―

27 読み書きや算数などを学習することがむずかしい

学校の勉強についていけず、職にも苦労する

学習障害（LD）は、ある特定の分野についての能力が、患者の知的能力全般のレベルに追いついていない状態です。小学生のころから学校の勉強についていけず、大人になっても職に苦労することが多いです。抑うつ状態にもなりやすいです。しかし、特別な支援を受ければ、改善されることがわかっています。

> 小学生の子供の、少なくとも5%がLDであると推定されているそうよ。
> LDは、とくにADHDと関連が深くて、両方の特徴をもつ場合が多くみられるそうよ。

算数が苦手なタイプは，数字や九九を覚えられない

LDには，主に三つのタイプがあります。

字を読むのが苦手なタイプでは，単語や文章を読むのが遅かったり，これらを不正確に読んだりします。また，読んでいる文章の意味を理解することがむずかしかったりします。

字を書くのが苦手なタイプでは，文字を正しくつづることができなかったり，文法や句読点を理解できなかったりします。この障害は，成長とともに軽くなることが多いです。

算数が苦手なタイプでは，数字や九九を覚えることができなかったり，計算が遅く，正しくできなかったりします。

第2章 心の病は,こんなにある

27 学習に関する三つの障害

学習障害(LD)にみられる,主な三つのタイプのイメージをえがきました。

読字の障害

書字表出の障害

算数の障害

読み書きの練習や計算の訓練をつづければ,改善されることがわかっているぞ。

— 性同一性障害 —

28 体の性と，自分が認識している性がことなる

病気でも障害でもなく，個性であるという考え方

　性別とひとくちにいっても，生物学的な体の性と，自分自身が認識している心の性の二つの意味があります。多くの人は，両者の性が一致しています。しかし，それがくいちがっているために，違和感を覚え，苦しんでいる人もいます。このような症状を，「性同一性障害」といいます。

　DSM-5では，性同一性障害は，「性別違和」という名称に変更されました。これには，近年，性同一性障害を多様な性のあり方の一つととらえ，病気でも障害でもなく個性であるとする考えが広まっていることが関係しています。

注：この本では，一般に認知度の高い，「性同一性障害」という名称を使用しています。

140

第2章 心の病は，こんなにある

28 性別の違和感

生物学的な体の性と，自分自身が認識している心の性がことなり，違和感を抱いているようすをえがきました。本人が性の不一致に悩んでいることをかくしている場合も多いといいます。

性別の違和感は，病気でも障害でもなく，個性なんだクマ。

141

本人にふさわしい性別の選択を支援

治療の選択肢は主に,「精神療法」「ホルモン療法」「性適合手術」の三つです。

精神療法では,本人にふさわしい性別の選択の支援や,精神的なサポートが行われます。 ホルモン療法は,「性ホルモン」を投与し,体の性を心の性に近づける方法です。性適合手術では,性器の形態を外科手術で変え,体の性を心の性に近づけます。

日本では2018年から,性同一性障害の人の性適合手術が保険適用されるようになっているよ。

第2章　心の病は，こんなにある

― 秩序破壊的・衝動制御・素行症群 ―

29 感情や行動をコントロールできず，犯罪も

放火症や窃盗症などは，すべての世代でみられる

「秩序破壊的・衝動制御・素行症群」とは，情動や行動の自己コントロールに問題がある障害です。「反抗挑発症」「間欠爆発症」「素行症」「反社会性パーソナリティ障害」「放火症」「窃盗症」といった障害があります。

反抗挑発症，間欠爆発症，素行症は，幼少期や小児期，青年期のはじめまでにみられます。一方，反社会性パーソナリティ障害，放火症，窃盗症は，幼少期から高齢者のすべての世代に認められます。

物が欲しいのではなく，物を盗みたい

　反抗挑発症とは，怒りの気分，挑発的行動，執念深さが6か月以上つづいている状態を指します。間欠爆発症とは，おさえきれない怒りの衝動と，攻撃性の爆発が急激におこる障害です。

　素行症の患者は，冷淡で無感情です。他人の人権や，社会的規範や規則をくりかえし侵害します。放火症は，目的をもって2回以上の放火をすることが，診断基準の一つになります。窃盗症の患者は，物を欲しいからではなく，物を盗みたい衝動から盗みをくりかえします。

窃盗症の患者は，盗む前には緊張と高揚感，盗んでいるときには快感や開放感を覚えるクマ。

第2章 心の病は，こんなにある

29 放火をくりかえす放火症

秩序破壊的・衝動制御・素行症群のうち，放火症のイメージをえがきました。患者は放火の前に緊張感や興奮を覚え，火災とそれにともなう状況に魅了されます。

火災による生命の喪失，家屋の損壊などには無関心で，火災による惨事に満足してしまうのだ。

— パラフィリア障害群 —

30 性的な行動や性の対象に, 異常がみられる

異常な性行動は, 大きく二つに分けられる

「パラフィリア障害群」は, 異常な性行動と, 性の対象に異常がみられる疾患の総称です。異常な性行動は, 「求愛障害」と「苦痛性愛障害」に分けられます。

求愛障害には「窃視障害」「露出障害」「窃触障害」があり, 苦痛性愛障害には「性的マゾヒズム障害」と「性的サディズム障害」があります。

一方, 性の対象の異常には, 「小児性愛障害」「フェティシズム障害」「異性装障害」があります。

第 2 章　心の病は，こんなにある

30 公然わいせつの検挙の状況

公然わいせつの罪で検挙された人数，および年齢構成の，近年のうつりかわりを示したグラフです。公然わいせつ罪は，不特定多数の人の目に触れる場で，下半身の露出や，性的な行為をする犯罪です。

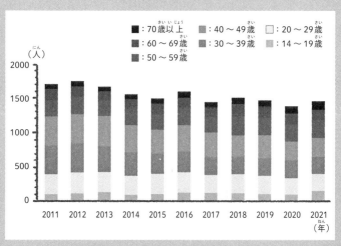

「犯罪統計書」(警視庁)を元に作成

検挙される人数が最も多い年齢層に注目すると，2013年以降は，40代が最も多くなってるクマ。

特定のことに，
性的な興奮を覚える

　窃視障害とは，無警戒の人の裸や性行為など
を見て，性的興奮を覚える障害です。露出障害
は無警戒の人に自分の性器を露出することで，
窃触障害は同意していない人にさわるなどする
ことで，性的興奮を覚える障害です。性的マゾ
ヒズム障害は，苦痛を受ける行為に性的興奮を
覚えます。その反対が，性的サディズム障害
です。

　小児性愛障害は，思春期前の子供または13歳
以下の複数の子供との性行為によって，性的興奮
を覚える障害です。フェティシズム障害は，下
着などの物や，生殖器以外の部位に性的興奮を
覚えます。異性装障害は，異性の服装をするこ
とで性的興奮を覚える障害です。

148

第2章 心の病は，こんなにある

memo

最強にわかる 心の病

クレペリンの生涯

ドイツの医学界の医学者で精神科医のエミール・クレペリン（1856〜1926）

ドイツ北部の小さな町に生まれ医学を学ぶ

ドイツの心理学者のヴィルヘルム・ヴント（1832〜1920）の著作を読みふけり

ヴントの実験室で心理学的研究に没頭する

その後、医師として臨床にたずさわり

大学の精神医学の教授を歴任

アルツハイマー型認知症の根本的な原因を研究したアロイス・アルツハイマー（1864〜1915）は

クレペリンの弟子であった

精神の病気を分類した

クレペリンは患者の病歴と退院時の状況から精神病を分類した

その分類を教科書としてまとめ1883年の初版から1913年の第8版まで改訂をつづけた

とくに1899年の第6版では「早発性痴呆」と「躁うつ病」を分類した

早発性痴呆（現：統合失調症）

躁うつ病（現：双極性障害）

クレペリンの精神疾患の分類は現代のアメリカ精神医学会の『精神障害の診断と統計マニュアル（DSM）』に大きな影響をあたえた

第3章

心の病の，
代表的な治療方法

心の病を治療したり，症状を改善したりする方法には，さまざまなものがあります。第3章では，認知行動療法やグループ療法など，心の病の代表的な治療方法を紹介します。

— 来談者中心療法，精神分析法 —

1 カウンセリングで，患者の無意識の記憶を引きだす

話を聞くことに徹し，共感をもって接する

精神療法の中で最も一般的な方法は，カウンセリング（面接）です。

アメリカの心理学者のカール・ロジャーズ（1902 ～ 1987）は，患者の話を聞くことに徹し，患者に共感をもって接するというカウンセリングの姿勢を提唱しました。これは，患者の体験に心を寄せて，それを尊重することこそが重要であるという考えにもとづいています。この方法を，「来談者中心療法」といいます。

第3章 心の病の，代表的な治療方法

1 カウンセリング手法の開発者

来談者中心療法を開発したカール・ロジャーズと，精神分析法を開発したジークムント・フロイトをえがきました。

ロジャーズは，臨床心理学者として精神の健康に問題をかかえた人の治療にたずさわりました。その中で従来のカウンセリング手法に疑問を感じ，来談者中心療法を開発していきました。相談に来た人を「患者」ではなく「クライエント（来談者）」とよぶことを最初にはじめたのも，ロジャーズです。

カール・ロジャーズ
（1902 〜 1987）

フロイトは，人間の無意識について，はじめて体系的な研究を行なった人物です。夢の分析を行ったり，「リビドー（性的エネルギー）」に関する理論を提唱したりしたことで知られています。「精神分析学の父」ともよばれています。

ジークムント・フロイト
（1856 〜 1939）

155

記憶が現在にどんな影響を
あたえているか分析する

　一方で，患者の状態に関して，治療者が解釈した内容を折にふれて伝えていくカウンセリングもあります。オーストリアの精神科医のジークムント・フロイト（1856 ～ 1939）が開発した，「精神分析法」です。

　精神分析法は，人間の無意識に注目した方法です。フロイトは，幼少期のころに経験した出来事や対人関係などは，無意識の中におさえこまれており，それらの影響は成人後の行動や思考などにあらわれてくると考えていました。治療者は，その記憶が患者の現在の状況にどんな影響をあたえているのかを分析し，その結果を患者に伝えます。

第3章 心の病の,代表的な治療方法

— 行動療法 —

2 患者が正しい行動を学習することをめざす

問題行動は,誤った学習の結果,身についたもの

行動療法は,1950年代の終わりから開発が進められた治療方法です。**患者の問題行動は,誤った学習をした結果,身についてしまったものだととらえられています。**そのため,患者が正しい行動を学習することをめざして,さまざまな療法が開発されてきました。

問題行動は,「エレベーターの中,人混みなど何かを異常に怖がる」「暴力をふるう」「ギャンブルにはまる」などがあげられるぞ。

157

弱い刺激から強い刺激へと段階的に用いる

「フラッディング」は，不安や恐怖反応をおこす刺激に患者を長時間さらし，その結果生じる慣れによって，不安や恐怖の減少をめざす治療法です。不安や恐怖を生じさせる刺激を，最も強いものから最も弱いものまで順位づけしたリストを，「不安階層表」といいます。この不安階層表にもとづいて，弱い刺激から強い刺激へと段階的に用いる手法は，「暴露法」とよばれています。

「系統的脱感作」では，患者に不安や恐怖を打ち消すためのリラクゼーション法をまず習得してもらいます。そして患者に不安階層表にある最も弱い刺激をイメージしてもらい，不安が生じたらリラクゼーション法で打ち消してもらいます。これを弱い刺激から強い刺激へと段階的に行うことで，刺激に対する不安や恐怖を克服します。

第3章 心の病の,代表的な治療方法

2 行動療法の対象の例

何の危険もないエレベーターの中にいることを,異常に怖がっている人のようすをえがきました。行動療法は,患者のこのような誤った行動を改善することを目的に行われます。

159

― 認知行動療法 ―

3 患者の認識に注目して, 認識のゆがみを修正する

問題行動には, 患者の認知も影響している

人の行動, 認知, 身体の変化, 感情, そして外からの環境はたがいに影響しあっていて, それぞれの要素が悪い状態になると, ほかの要素にも悪影響をあたえるという負の循環が生まれます。

心の病の治療では, 以前は, 患者の行動のみに注目して, この行動を変えることを目的とする治療が行われていました。しかし, こういった問題行動には, 患者の認知も影響していると考えられるようになり, 認知が治療の対象として, 注目されるようになりました。

第3章 心の病の，代表的な治療方法

3 働き盛りの人のうつ病の症状

働き盛りの世代にみられる，仕事上での悩みを原因とするうつ病の，典型的な症状をあらわしました。

ストレスに対する考え

マイナス思考：「何をやってもうまくいかない。私はもうおしまいだ」
白黒思考：「完璧にできない私はダメな人間だ」
邪推：「部下から馬鹿にされているにちがいない」
過小評価：「自分の決断はいつも間違っている」

ストレスに対する身体の変化

睡眠の変化：
不眠や過眠
意欲の減退：
趣味を失う
疲労の蓄積：
倦怠感

ストレス要因

昇進したものの，他社との競争がはげしくなり，売上が低下。これにより仕事量がふえ，毎日，残業がつづく。疲れがたまり，仕事の能率も落ちてしまった。部下や上司からの信頼も失ってしまったのでは。

ストレスに対する行動

統制：
八つ当たり
逃避：
布団から出ない
依存：
酒やギャンブル

ストレスに対する感情

仕事が自分の思い通りにならない：怒り，むなしさ，不甲斐なさ
会社からの信頼を失った：悲しみ
この先どうなるんだろう：不安，心配，恐怖
認められない：さびしさ，恥ずかしさ

161

悲観的な考えが,さらに悲観的な考えを生む

　たとえば,多くのうつ病患者はもともと,未来のことを悲観的に考える「マイナス思考」や,うまくいかないことばかりに注目する「過小評価」などの,かたよった認知をもっています。このような考え方がくせになると,自然と悲観的な考えに行き着いてしまいます。すると,悲観的な考えがさらに悲観的な考えを生むという,悪循環を引きおこします。こういった認知のゆがみを修正していくのが,認知行動療法です。

認知行動療法を行えば,根本的な考え方を変えることで,治療後に同じような状況におちいったときでも対処できるようになって,再発の可能性は低くなると考えられているクマ。

第3章　心の病の，代表的な治療方法

— 認知行動療法 —

4 患者の思考と事実を比較して，考え方のくせを変える

感じた感情とその強さを，数値で書きだす

　認知行動療法の手順を，具体的にみてみましょう。

　たとえば患者が，「会議のプレゼンテーションで失敗してしまった」という場面があったとします。最初に，患者がそのときに感じた感情とその強さを，数値で書きだしてもらいます。さらに，そういう感情を生みだした思考とその確信の高さを，数値で書きだしてもらいます。そのあと，事実と照らし合わせてその思考は正しいものなのか，ほかの考え方はなかったのか，という合理的な考え方を出してもらい，その確からしさを数値化してもらいます。

163

より合理的な思考があることを,理解する

　最後に,ここまでの作業を終えた現在の患者の感情と,その強さを数値で書きだしてもらいます。すると,悲観的な感情の強さが弱まっていることがあります。こうした認知のゆがみの修正を,「認知再構成」といいます。

　認知行動療法を通して,患者は自分のゆがんだ認知を客観的にみることができるようになります。また,自分の思考のくせに気づき,より合理的な思考があることを理解するようになるのです。

認知行動療法は認知だけではなく,行動,身体の変化,感情,環境にもアプローチをしていこうという治療法なんだそうよ。

第3章　心の病の，代表的な治療方法

4　働き盛りの人のうつ病の対策

161ページで紹介したうつ病の人への，認知行動療法による対策の例を示しました。

ストレスに対する考えへの治療

認知再構成

ネガティブな考えを具体的に書き出し，その考えに確証があるか検討し，考え方のかたよりを修正する。

ストレスに対する身体変化の治療

リラクゼーション

意識的に筋肉を弛緩させる。

腹式呼吸による深呼吸を行う。

ストレス要因を取り除く

・苦手な仕事領域を他の社員にお願いできないか，打診する。

・部署の異動，転職も視野に入れ，行動する。

・重度の場合は，休職を願い出る。

ストレスに対する行動への治療

曝露療法

避けていることに少しずつ慣らしていく。

問題解決療法

解決策を見つけだし，問題に立ち向かう。

ストレスに対する感情への治療

脱中心化（マインドフルネス技法など）

意識の中央にある悩みから一度はなれ，客観的にみることで，ネガティブな感情から抜け出る方法を探る。

— 生活技能訓練法（SST）—

5 社会生活で必用な，対人関係の技能を身につけよう

状況把握，判断，相手へのはたらきかけを訓練する

認知行動療法の中に，「生活技能訓練法（SST）」というものがあります。対人関係の中で，「状況を的確に把握する」「どのように対処すればよいかの判断をくだす」「くだした判断にもとづいて相手に効果的にはたらきかける」という三つの内容を訓練します。

SST は「Social Skills Training」の略だぞ。

第3章 心の病の，代表的な治療方法

5 生活技能訓練法（SST）

生活技能訓練法を行なっているグループのイメージをえがきました。患者は，生活技能訓練法で身につけた技能を，外の社会で実行します。

こんな風にほめられたら，外の社会でもできそうな気がするクマ。

改善案を出し合い，
演技をしてみる

　訓練の一例を紹介しましょう。訓練は，グループで行われます。その中に，医療スタッフが1～2名入ります。患者の1人が，「買い物に行ってお金を払うときに，緊張して手がふるえてしまう」といったように，乗りこえたい課題を提案します。そして実際に，グループの前でそのようすを演じてみせます。

　その後，グループのメンバーで，改善案を出し合います。その中でいちばんよさそうな改善案を採用し，グループのメンバーの1人もしくはスタッフが，その改善案にしたがった演技をしてみせます。それを見て，提案者も同じように演技をしてみます。提案者の演技のよいところをみつけてほめるのが，重要なポイントです。

　そこまでできたら，提案者は実際に外の社会で，改善案を取り入れたアプローチを実行するという流れです。

168

第3章　心の病の，代表的な治療方法

― マインドフルネス ―

6 自分の感情や思考を，あるがままに受けとめよう

認知のゆがみを変える作業は，患者にとって負担

うつ病の治療法には，160 ～ 165ページで紹介した認知行動療法がよく使われてきました。しかし，従来の認知行動療法のように，自分の認知のゆがみを認め，変えていくという作業は，うつ病患者にとっては大きな負担となります。このため最近では，新しい認知行動療法が注目されています。それは，「マインドフルネス」という方法を取り入れたものです。

169

認知のゆがみは, 自然と解消されていく

　マインドフルネスは, この瞬間に感じている思考や感情をそのまま受け入れ, 気づくことに気持ちを集中させ, それらを一定の距離を保ってながめられるようにする方法のことです。これは, 仏教や禅の流れを受けたものです。

　<mark>マインドフルネスを取り入れた新しい認知行動療法は, 自分の感情や思考を否定せず, あるがままに受け止めながら, 日常生活を送っていけるように少しずつ行動を変えていくという治療方法です。</mark>この治療方法をつづけると, 認知のゆがみは自然と解消されていくといいます。

自分の感情や思考を否定しないという治療法としては, ほかに「森田療法」というものがあるよ（172〜173ページ）。

第3章 心の病の,代表的な治療方法

6 マインドフルネス

患者の感情や思考をそのまま受け入れる,マインドフルネスのイメージをえがきました。

マイナスの考え方を変えなければいけないと思うと,そのこと自体がプレッシャーになる場合もあるのだ。

日本の精神科医，森田正馬

森田正馬（1874 〜 1938）は，主に不安症や恐怖症の治療に使われている「森田療法」を創始した精神科医です。実は，森田自身が，心臓神経症やパニック発作などに苦しむ患者でもありました。自らの神経症を克服した体験をもとに，森田療法を開発したといわれています。

患者の不安や恐怖を取り除こうとすると，患者の注意がそこに向いてしまい，かえって逆効果になってしまう場合があります。森田療法では，患者には不安や恐怖の感情はそのまま置いておいてもらい，症状のためにできないと思っていた日常の作業や行動を無理のない範囲から取り組んでもらいます。こうすることで，それまで自分に向いていた注意や関心を，外に向けてもらうのです。

森田療法は，以前は入院による治療が基本でした。最近では，入院施設の減少にともなって，外来や自助グループによる治療もふえています。

森田正馬
(1874〜1938)

— グループ療法 —

7 集団の力によって，患者の人格や行動を改善する

対人関係の障害が，主な対象となる

　グループ療法とは，治療のために組織された集団の中で行われる精神療法です。**治療者とメンバー，またはメンバーとメンバーの間の対人交流や，集団の力によって，参加者の人格や行動の改善をめざします。**対人関係の障害が主な対象となることや，グループ内で今おきていることが重視されることが特徴です。

　治療理論や技法のちがいによって，「精神分析的グループ療法」「話し合いによる大集団ミーティング」「社会技能訓練法（SST）」などに分類されています。

174

第3章 心の病の,代表的な治療方法

7 グループ療法

グループ療法のイメージをえがきました。グループ療法は,主に対人関係で問題が発生する病気の治療に使われます。

人と話したり,集団になじんだりすることで,つらい気持ちもやわらぎそうね。

悩んでいるのは自分1人ではないことに気づく

これらの治療では，参加者が集団に受け入れられるという体験をもてます。また，心にたまっていた感情を表現することで解放感や快感を得たり，ほかの参加者の気持ちや行動を理解することで悩んでいるのは自分1人ではないことに気づいたりすることができます。ほかの参加者から，新たな適応的な行動を学習することもできます。

たとえば，薬物やギャンブルといった依存症の場合，それぞれの症状に悩む人たちが集まって回復をめざす「自助グループ」が全国に存在するクマ。同じ目標をもつ仲間と出会ったり，自分の体験を素直に打ち明けたり，自分の弱さを認めたりすることで，依存症から脱して，社会生活を取りもどすことができる人も多くいるクマ。

第3章　心の病の，代表的な治療方法

— 芸術療法 —

8 音楽や絵画などで，心身の回復をめざす

治療者と患者がともに芸術作品を創造する

「芸術療法」とは，治療者と患者がともにさまざまな芸術作品を創造する活動に参加することで，心身の健康の回復をめざす心理的治療法です。

人物画や風景画や家族画などの特定のテーマを自由にえがく「絵画（描画）療法」や，受け身的に聞くだけではなくてさまざまな形で演奏や創作を行う「音楽療法」，俳句や短歌や詩などの文学創作を行う「詩歌療法」，砂がしかれた箱庭で小型の人形や模型などを用いて創作する「箱庭療法」，焼き物などの製作を行う「陶芸療法」，音楽にあわせて体を動かす「舞踏療法」などがあります。

表現することで，内的葛藤から解放される

芸術活動を通じて自己の内面を表現することで，内的葛藤から解放されたり，無意識が明らかになって治療の手がかりが得られたりすることなどが期待されます。芸術療法は，個人療法として行われる場合と，グループ療法として行われる場合の両方があります。

依存症から回復する過程で，ふたたび依存対象に手を出してしまう危険性の高い状態として，Hungry（空腹），Angry（怒り），Lonely（孤独），Tired（疲れ）の四つがあって，それぞれの頭文字をとって「HALT」とよばれているそうよ。本人がHALTにおちいっている場合，周囲の人は医師や本人と協力して対応策を考え，回復を支えることが重要なんだよ。

第3章 心の病の,代表的な治療方法

8 さまざまな芸術療法

芸術療法で行われる,さまざまな活動の例をえがきました。芸術作品をつくる作業を通じて,心身の回復をめざします。

絵画(描画)療法

音楽療法

詩歌療法

箱庭療法

陶芸療法

舞踏療法

― 薬物療法 ―

9 体内のしくみに，分子レベルではたらく

抗うつ薬は，効果が出るまでに1週間必要

薬物療法は，症状をもたらす体内のしくみに分子レベルで作用する，とても効果的な治療法です。ここでは，「抗うつ薬」「睡眠薬」「抗酒薬」について紹介します。

抗うつ薬には，うつ状態のさまざまな症状を改善させる作用があります。気分の改善，不安や焦燥をおさえる，意欲の増進，睡眠障害や食欲不振の改善といった作用です。抗うつ薬は，投与されてから効果が生じるまでに，数日から1週間の期間が必要です。

第3章 心の病の,代表的な治療方法

9 薬で症状を改善

薬物療法により,心の病が改善するイメージをえがきました。

薬物療法は,大きな効果が期待できる一方で,副作用が出ることもある。必ず医師の指示にしたがって服用しよう。

抗酒薬は，アルコールの無害化をおさえる

　睡眠薬は，不眠症状を示す精神疾患一般に用いられる薬剤です。不眠が強い場合や，興奮している患者を急速に入眠させる場合に，静脈注射で使われる睡眠薬もあります。

　最近では，睡眠覚醒リズムをつくるメラトニン（よく眠れる）とオレキシン（はっきり覚醒させる）という物質の過不足によって，睡眠障害がおこると考えられるようになりました。このため，夜間にメラトニンを増やす薬，夜間にオレキシンを減らす薬が広く使われるようになっています。

　アルコール依存症の治療に使われる抗酒薬は，体内でアルコールが無害化されるのをおさえる作用があります。抗酒薬を服用していると，患者がお酒を飲んだ場合に，二日酔いの原因となる「アセトアルデヒド」が体内に残ります。このため患者は，断酒の意志を強くすることができます。最

第3章　心の病の，代表的な治療方法

近は，飲酒の欲求をおさえる薬も治療に使われ
ています。

memo

最強にわかる 心の病

世界初の抗精神病薬

クロルプロマジン

統合失調症などの治療に有効な薬

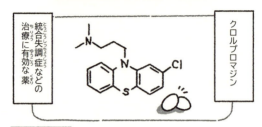

1950年、

フランスのローヌ・プーラン社（現・サノフィ・アベンティス社）が開発

1952年から現在まで心の病の治療薬として用いられている

クロルプロマジンは最初の抗精神病薬として統合失調症の治療薬の投薬量をはかるための換算基準となっている

A薬とB薬を比較したい
A＝クロルプロマジン
50mg相当量
B＝クロルプロマジン
100mg相当量
↓
A＜B

184

画期的な薬が登場するまで

クロルプロマジンは麻酔薬の前に投与する薬として用いられていた

1952年、フランスの外科医のアンリ・ラボリ（1914〜1995）が麻酔薬とクロルプロマジンを併用したところ、精神症状に変化があらわれることを発見

またたく間に使用が広がり翌年にはヨーロッパ中で使用されるようになった

当時は心の病の治療として脳の一部を切り取る手術などが行われていた時代

クロルプロマジンの登場は画期的なことであり多くの患者を救った

心の病かなと思ったら

本書では，さまざまな心の病を紹介しました。もしかしたら，自分が心の病かもしれないと思った人もいるかもしれません。

自分が心の病かもしれないと思ったら，できるだけ早く医師の診断を受けましょう。多くの心の病は，放置すると症状が悪化してしまいます。早期発見が，治療に効果的であることがほとんどです。また，自己判断にとどめてしまうと，病気かもしれないという不安や心配だけを強める危険性があります。

心の病は，いつだれの身におきても不思議ではありません。心の問題をかかえたときのために，地域や学校などには相談窓口があります。最近は，電話やチャットで気軽に相談できるサービスもあり

ます。少しでも不安があったり，つらい気持ちにな
ったりしたら，ぜひ問い合わせてみてください。

受診の際に「精神科」と「心療内科」のどちらに行く
か迷うかもしれないな。精神科は「心」の症状が専門
である一方で，心療内科は心理的な要因からおきる
「体」の症状が専門だ。「気分が落ちこむ」「イライラ
する」などの精神症状に悩んでいる場合は精神科を，
「ストレスで動悸がする」「仕事がいやで胃が痛い」な
どの身体症状に悩んでいる場合は心療内科を受診し
てみよう。それでも「いきなり病院は躊躇する」とい
う人は，次のページで紹介す
る，各都道府県にある「精神保
健福祉センター」などに相談す
るといいだろう。

どこに相談すればいい？

国や地方自治体の相談機関	保健所・保健センター，精神保健福祉センター，児童相談所など
医療機関	精神科診療所，精神科病院，総合的な病院の精神科
学校内の相談機関	学校のスクールカウンセラー，大学の学生相談室，保健管理センター，附属相談機関
社会人のための相談機関	企業内健康管理センター／相談室，EAP（従業員支援プログラム）専門機関，働く人のメンタルヘルス・ポータルサイト「こころの耳」

こんなときはどうする？

自殺を考えてしまった	電話相談：いのちの電話，いのち支える相談窓口 SNS相談：生きづらびっと
こころの健康について相談したい，悩みを聞いてほしい	電話相談：心の健康相談統一ダイヤル，よりそいホットライン，チャイルドライン（18歳以下対象），子供のSOS相談窓口，子どもの人権110番 SNS相談：こころのほっとチャット，bond project 10代20代の女の子専用LINE相談，チャイルドライン支援センター（18歳以下対象）
どこに相談すべきかわからない	厚生労働省支援情報検索サイト

第3章 心の病の，代表的な治療方法

memo

memo

さくいん

A〜Z

ＤＳＭ-５（ディーエスエム　ファイブ）……33，62，80，
122，140

ＰＨＱ-９（ピーエイチキュー　ナイン）……32〜35

ｒ ＴＭＳ（アールティーエムエス）**（反復経頭蓋磁気
刺激療法）**……44〜46

START（スタート）……113，114

TALK（トーク）……49

あ

アルツハイマー型認知症
……109，112，150

アロイス・アルツハイマー
……150

アンリ・ラボリ……185

い

異性装障害……146，148

う

ヴィルヘルム・ヴント……150

うつ病……2，3，13，16，17，
26，31〜38，40〜42，44，
47〜50，52，55，62，64，
106，108，161，165，169

え

エミール・クレペリン
……150，151

お

音楽療法……177，179

か

カール・ロジャーズ
……154，155

絵画（描画）療法……177，179

**解離性同一性障害（多重人
格）**……116〜118

学習障害（ＬＤ）……122〜125，
137〜139

**家族ＳＳＴ（社会生活技能
訓練）**……78，79

環境調整……128

関係依存……98

間欠爆発症……143，144

き

気分障害……2，15，16，
20，21，24

求愛傷害……146

共依存……98

境界性パーソナリティ障害
……81，83，88，108

強迫性障害……61〜64，
66，67，106

く

苦痛性愛障害……146

グループ療法……91, 96,
　　　　153, 174, 175, 178
クロルプロマジン…184, 185

け

芸術療法……………177～179
系統的脱感作………………158
ゲーム障害……………98
血管性認知症…20, 109, 110
潔癖症……………61

こ

行為依存……97, 99
抗うつ薬……40, 180
抗酒薬……180, 182
抗精神病薬……77, 184
コロナうつ……………50

さ

サヴァン症候群……132, 133

し

詩歌療法……………177, 179
ジークムント・フロイト
　　　　……………155, 156
自閉スペクトラム症（ＡＳＤ）
　　　……122～124, 129～132
社会技能訓練法（ＳＳＴ）…174
小児性愛障害……146, 148
新型うつ……………52, 53

神経性大食症……………108
神経性無食欲症……………108
神経発達症……………122
心的外傷後ストレス障害
（ＰＴＳＤ）………62, 68～70

す

睡眠障害……2, 13, 26, 91,
　　　　102, 180, 182
睡眠薬……103, 180, 182
スキーマ療法…………84, 85
スマホ依存症………………97

せ

生活技能訓練法（ＳＳＴ）
　　　　………166, 167
精神病性障害……………74
精神分析的グループ療法
　　　　……………174
精神分析法……………155, 156
精神療法………84, 91, 107,
　　　　128, 142, 154, 174
性適合手術……………142
性的サディズム障害
　　　　………146, 148
性的マゾヒズム障害
　　　　………146, 148
性同一性障害……140, 142
性別違和……………140
窃視障害……………146, 148

せっしょくしょうがい
窃触障害 ·············146, 148
せっとうしょう
窃盗症 ·············143, 144
ぜん む しこう しろくろしこう
全か無か思考（白黒思考）
·············41, 43
ぜんぱんふあんしょう
全般不安症 ·············60

そ

そうきふてきおう
早期不適応スキーマ ·····85, 86
そうきょくせいしょうがい
双極性障害 ·············54 〜 56,
88, 108, 151
そこうしょう
素行症 ·············143, 144

ち

ちつじょはかいてき しょうどうせいぎょ そ
秩序破壊的・衝動制御・素
こうしょうぐん
行症群 ·············143, 145
ちゅういけつじょたどうせいしょうがい
注意欠如多動性障害
エーディーエイチディー
（ＡＤＨＤ）·············122 〜 125,
134 〜 137

て

ていけいこうせいしんびょうやく
定型抗精神病薬 ·············77
てきおうしょうがい
適応障害 ·············72, 73

と

とうげいりょうほう
陶芸療法 ·············177, 179
とうごうしっちょうしょう
統合失調症 ·······21, 22, 31,
74 〜 79, 88,
106, 151, 184
かせつ
ドーパミン仮説 ·············76

に

にんちこうどうりょうほう
認知行動療法 ·······40 〜 43,
64 〜 66, 70, 78, 153,
162 〜 166, 169, 170
にんちさいこうせい
認知再構成 ·············164, 165
にんちしょう
認知症 ·············20, 21,
109 〜 113, 115
にんち
認知トレーニング ·············113

は

しょうがい
パーソナリティ障害
·············80 〜 82, 84, 108
ばくろほう
暴露法 ·············158
はにわりょうほう
箱庭療法 ·············177, 179
はな あ だいしゅうだん
話し合いによる大集団ミー
ティング ·············174
しょうがい
パニック障害 ·············60, 62
しょうがいぐん
パラフィリア傷害群 ·······146
はんこうちょうはつしょう
反抗挑発症 ·············143, 144
はんしゃかいせい しょう
反社会性パーソナリティ障
がい
害 ·············81, 83, 143

ひ

ひていけいこうせいしんびょうやく
非定型抗精神病薬 ·············77

ふ

ふあんかいそうひょう
不安階層表 ·············158
ふあんしょうがい
不安障害 ·······2, 15, 16, 58,
59, 61, 62, 64, 66, 108

さくいん

フィリップ・ピネル
　　……………………11, 28, 29
フェティシズム障害
　　………………………146, 148
舞踏療法……………177, 179
不眠障害（不眠症）
　　………………………102, 103
フラッディング……………158

ほ

放火症……………143〜145
ホルモン療法……………142

ま

マインドフルネス
　　………………165, 169〜171

も

森田正馬………………172, 173
森田療法……170, 172, 173

ら

来談者中心療法……154, 155

り

療育…………………………128

れ

レビー小体型認知症
　　………………………109, 110

ろ

露出障害……………146, 148

195

memo

シリーズ第42弾!!

ニュートン超図解新書
最強にわかる
死とは何か(仮)

2025年5月発売予定　新書判・200ページ　990円(税込)

　この世に生まれたものはすべて,老いて死にます。これはだれもが避けることのできない宿命です。生から死へむかう過程で,私たちの体の中でいったい何がおきるのでしょうか。

　私たちヒトをはじめ,多くの生き物には寿命があります。しかし,大腸菌のように寿命をもたずに,いつまでも生きつづけられる不死の生き物もいます。実は,生命が誕生してからおよそ20億年の間,そういった寿命をもたない生物ばかりだったと考えられています。それにもかかわらず,なぜ私たちヒトは,死ぬ宿命を背負うことになったのでしょうか。

　本書は,2020年3月に発売された,ニュートン式 超図解 最強にわかる!!『死とは何か』の新書版です。寿命や死,そして老化にまつわる不思議を"最強に"わかりやすく紹介します。どうぞご期待ください!

最強にわかりやすいケロ!

主な内容

「生」と「死」の境界線

人の「死」を決定づける，三つの特徴
体は生きているのに，決して意識が戻らない「脳死」

死へとつながる老化

脳の老化は，20代からはじまる
筋肉が衰えると，生命維持機能が低下する

細胞の死が，人の死をみちびく

毎日4000億個の細胞が，死んでいる
脳細胞の死が進みすぎるアルツハイマー病

寿命は有性生殖とともに生まれた

異常な遺伝子セットは，死によって取り除かれる
生きている間，DNAには傷がたまりつづける

Staff

Editorial Management	中村真哉
Editorial Staff	道地恵介
Cover Design	岩本陽一
Design Format	村岡志津加（Studio Zucca）

Illustration

表紙カバー	羽田野乃花さんのイラストを元に佐藤蘭名が作成
表紙	羽田野乃花さんのイラストを元に佐藤蘭名が作成
11～185	羽田野乃花

監修（敬称略）：
仮屋暢聡（医療法人社団KARIYA理事長，まいんずたわーメンタルクリニック院長）

本書は主に，Newton 別冊『精神科医が語る 精神の病気』，Newton 2020年10月号『精神の病気の取扱説明書』の一部記事を抜粋し，大幅に加筆・再編集したものです。

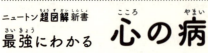

ニュートン超図解新書
最強にわかる 心の病

2025年5月10日発行

発行人	松田洋太郎
編集人	中村真哉
発行所	株式会社 ニュートンプレス　〒112-0012 東京都文京区大塚3-11-6
	https://www.newtonpress.co.jp/
	電話 03-5940-2451

© Newton Press 2025
ISBN978-4-315-52914-2